Problemlösung und Kommunikation im Management

Vorgehensweisen und Techniken

von
Prof. Dr. Harald Hungenberg

3., aktualisierte und erweiterte Auflage

Oldenbourg Verlag München

Bibliografische Information der Deutschen Nationalbibliothek

Die Deutsche Nationalbibliothek verzeichnet diese Publikation in der Deutschen Nationalbibliografie; detaillierte bibliografische Daten sind im Internet über <http://dnb.d-nb.de> abrufbar.

© 2010 Oldenbourg Wissenschaftsverlag GmbH
Rosenheimer Straße 145, D-81671 München
Telefon: (089) 45051-0
oldenbourg.de

Lektorat: Wirtschafts- und Sozialwissenschaften, wiso@oldenbourg.de
Herstellung: Anna Grosser
Coverentwurf: Kochan & Partner, München
Gedruckt auf säure- und chlorfreiem Papier
Gesamtherstellung: Grafik + Druck, München

ISBN 978-3-486-59134-7

Vorwort zur dritten Auflage

Die dritte Auflage führt die Grundkonzeption dieses Buchs fort, die sich in der betriebswirtschaftlichen Ausbildung und Praxis bewährt hat. Die Inhalte des Buchs wurden an einigen Stellen erweitert – so vor allem im Bereich der Problemstrukturierung und der Kommunikation von Problemlösungen. In allen Bereichen wurden Aktualisierungen vorgenommen, und Fehler – soweit erkannt – wurden beseitigt.

Ich möchte mich bei allen Lesern bedanken, die durch ihr Feedback zur Weiterentwicklung des Buchs beigetragen haben. Außerdem bedanke ich mich bei dem Team meines Lehrstuhls für die tatkräftige Unterstützung bei dieser Neuauflage.

Nürnberg, November 2009   Harald Hungenberg

Vorwort zur ersten Auflage

Diese Schrift wendet sich an Studenten der Betriebswirtschaftslehre. Die meisten von ihnen werden später ihr Berufsleben damit verbringen, praktische Probleme von Unternehmen zu bearbeiten – und diese hoffentlich lösen. Es kann deswegen nicht überraschen, dass „Probleme" im Mittelpunkt der meisten betriebswirtschaftlichen Arbeiten stehen. So auch in dieser Schrift.

Wenn man sich in der Betriebswirtschaftslehre mit Problemen beschäftigt, geht man üblicherweise von einem ganz bestimmten Problemtyp aus: von Problemen, die auf bekannte, wohl definierbare Fragestellungen zurückzuführen sind und sich mit ebenso bekannten und vorab bestimmbaren Instrumenten lösen lassen. Aber entspricht dieser Problemtyp tatsächlich der praktischen Realität? Wohl kaum! Der überwiegende Teil der Probleme, die in der Unternehmenspraxis zu lösen sind, sind neuartig: Probleme, deren Ursachen und Zusammenhänge unerkannt sind und für deren Lösung geeignete Instrumente erst noch zu finden sind. Und sind Probleme wirklich bereits dann beseitigt, wenn man es schafft, eine geeignete Lösung zu finden? Wohl kaum! Selbst die beste Problemlösung ist wertlos, wenn es nicht gelingt, diese Lösung so zu kommunizieren, dass Entscheidungsträger und Betroffene sie verstehen, akzeptieren und umsetzen – erst dann ist das Problem wirklich gelöst.

In dieser Arbeit soll versucht werden, Probleme aus einer anderen als dieser üblichen Perspektive heraus zu behandeln. Ausgehend von dem Grundverständnis, dass (erstens) Probleme im Regelfall neuartig sind und (zweitens) Problemlösung und Kommunikation Hand in Hand gehen müssen, ist es ihr Ziel, Vorgehensweisen und Techniken zu vermitteln, mit deren Hilfe ein Team von „Problemlösern" neuartige, komplexe Probleme in Unternehmen verstehen, lösen und kommunizieren kann. Mit anderen Worten: es soll eine allgemeingültige „Problemlösungsmethodik" entwickelt werden, die im praktischen Einsatz auf die unterschiedlichsten, neu auftretenden Probleme angewendet werden kann.

Das vorliegende Buch ist das gemeinsame Produkt unserer Arbeit am Lehrstuhl für Strategisches Management und Organisation der Handelshochschule Leipzig und meiner Erfahrungen als Unternehmensberater für McKinsey & Company. Ich danke daher nicht nur dem Team des Lehrstuhls, sondern auch meinen Freunden und Kollegen aus der Beratung für ihre Beteiligung am Entstehen dieser Schrift. Ich hoffe, dass Sie bei den Studenten der Betriebswirtschaftslehre Anklang und Verwendung finden wird und würde mich über jede Form des Feedbacks, sei es positiv oder negativ, bestärkend oder korrigierend, sehr freuen.

Leipzig, April 1999   Harald Hungenberg

Inhalt

| 1 | **Einleitung** | **1** |

| 2 | **Probleme identifizieren** | **5** |

3	**Probleme strukturieren**	**11**
3.1	Zweck und Anforderungen der Problemstrukturierung	11
3.2	Logikbäume als Hilfsmittel zur Problemstrukturierung	19
3.3	Problemstrukturierung mithilfe von System Dynamics	27

4	**Probleme analysieren**	**35**
4.1	Ausrichtung und Planung der Problemanalyse	35
4.2	Informationsgewinnung als Grundlage der Problemanalyse	41
4.2.1	Aufgaben und Ziele der Informationsgewinnung	41
4.2.2	Erhebung von Informationen	44
4.2.3	Auswertung von Informationen	52
4.2.4	Interpretation von Informationen	56
4.3	Einsatz von Analysetechniken	58
4.4	Kreativität in der Problemanalyse	73

5	**Problemlösungen kommunizieren**	**81**
5.1	Ziele und Anforderungen der Kommunikation	81
5.2	Strukturieren von Kommunikation	83
5.2.1	Einleitungen mithilfe des „S-P-F-A"-Schemas	84
5.2.2	Strukturierung durch logische Gruppen und Ketten	87
5.3	Visualisierung von Informationen	96
5.3.1	Entwicklung einer Story-Line durch Action-Title	97
5.3.2	Gestaltung einzelner Präsentationsschaubilder	99
5.4	Emotionalisieren von Kommunikation	110
5.5	Durchführung von Präsentationen	118
5.6	Erfolgreiches Verhandeln	121

6   **Problemlösungsprozesse „managen"**   **125**

6.1   Problemlösung als Projekt 125

6.2   Projektteam 126

6.3   Projektorganisation 128

6.4   Projektmanagement 130

Abbildungsverzeichnis

Abbildung 1.1: Teilaktivitäten im Rahmen eines Problemlösungsprozesses 4

Abbildung 2.1: Von der Problemstellung zum Problemidentifikations-Formular..................7

Abbildung 2.2: Beispiel einer Problemidentifikation 9

Abbildung 3.1: Prinzip der Problemstrukturierung 13

Abbildung 3.2: MECE-Prinzip – Beispiel eines Baumes im Sommer 14

Abbildung 3.3: Struktur- und Prozess-MECE-ness..16

Abbildung 3.4: Beispiel einer Problemstruktur 17

Abbildung 3.5: Arten von Logikbäumen...19

Abbildung 3.6: Möglichkeiten zur Strukturierung deduktiver Bäume 20

Abbildung 3.7: ROI-Struktur als Beispiel eines deduktiven Baums 21

Abbildung 3.8: Beispiel eines Hypothesenbaums 22

Abbildung 3.9: Beispiel eines Fragenbaums 24

Abbildung 3.10: Anwendungsbedingungen der Logikbäume 26

Abbildung 3.11: „80:20-Regel" der Problemstrukturierung...................................27

Abbildung 3.12: Lineares und dynamisches Denken im Kalten Krieg.......................28

Abbildung 3.13: Systemperspektive auf Preisreduktion zur Steigerung der Auslastung 29

Abbildung 3.14: Beispiel eines Kreislaufdiagramms 31

Abbildung 3.15: Kreislaufdiagramm für das Problem „Stau"................................32

Abbildung 4.1: Verknüpfung von Problemstruktur und Problemanalyse....................37

Abbildung 4.2: Vom Hypothesenbaum zum Problemanalyseplan 39

Abbildung 4.3: Beispiel eines Projektzeitplans 40

Abbildung 4.4: Schritte im Informationsgewinnungsprozess.................................43

Abbildung 4.5: Überblick über Sekundärdatenquellen..44

Abbildung 4.6: Informationsgewinnung durch Interviews 48

Abbildung 4.7: Typische Interviewsituationen 50

Abbildung 4.8: Multivariate Analyseverfahren im Überblick 54

Abbildung 4.9: Prinzipien der Szenario-Technik 58

Abbildung 4.10: Ausgewählte Analysetechniken 59

Abbildung 4.11: ROI-Baum zur Analyse des Unternehmensergebnisses 60

Abbildung 4.12: Ergebnisüberleitungen und Veränderungsursachen 61

Abbildung 4.13: Aufbau eines Geschäftssystems 63

Abbildung 4.14: Branchenstruktur-Modell zur Analyse der externen Situation 65

Abbildung 4.15: SCP-Modell zur Analyse von Veränderungsprozessen 67

Abbildung 4.16: Strategisches Spielbrett zur Entwicklung von Strategieoptionen 69

Abbildung 4.17: Economic Value Added 70

Abbildung 4.18: Ablauf der Nutzwertanalyse 71

Abbildung 4.19: Beispiel einer Mind Map 78

Abbildung 4.20: Morphologischer Kasten für das Beispiel „Autodachöffnungen" 79

Abbildung 5.1: S-P-F-A-Schema 84

Abbildung 5.2: Beispiel für eine S-P-F-A Einleitung einer Präsentation 86

Abbildung 5.3: Grundstruktur und Beispiel einer logischen Gruppe 89

Abbildung 5.4: Zusammenhang Nutzwertanalyse und logische Gruppe 90

Abbildung 5.5: Struktur einer logischen Kette und Beispiel 92

Abbildung 5.6: Zusammenhang Nutzwertanalyse und logische Kette 93

Abbildung 5.7: Kombination von Strukturalternativen 94

Abbildung 5.8: Umsetzung von Kommunikationsstrukturen in Gliederungen 95

Abbildung 5.9: Action-Title als Teil eines Schaubilds 97

Abbildung 5.10: Action-Title Logik 98

Abbildung 5.11: Beispiel eines Eröffnungsschaubilds 100

Abbildung 5.12: Beispiel einer Präsentationsagenda 101

Abbildung 5.13: Schlechtes und gutes Beispiel für den Aufbau von Listen 103

Abbildung 5.14: Vergleich Tabelle und Schaubild 105

Abbildung 5.15: Überblick: wie aus Zahlen Schaubilder werden 106

Abbildung 5.16: Vergleichs- und Diagrammformen 107

Abbildung 5.17: Vom Vergleich zum Schaubild 108

Abbildung 5.18: Beispiel eines qualitativen Schaubilds 109

Abbildung 5.19: Visualisierung qualitativer Aussagen 110

Abbildung 5.20: SUCCES-Framework zu wirkungsvoller Kommunikation 111

Abbildung 5.21: Regeln für wirkungsvolle Sprache 113

Abbildung 5.22: Präsentationsmedien 119

Abbildung 6.1: (Aufbau-)Organisation von Projekten 129

1   Einleitung

„Wir haben ein Problem – und Sie auch!"

Fred Klabuster schließt die Tür seines Büros und sinkt erschöpft in seinen Sessel. „Das war ja wohl die unerfreulichste Viertelstunde der letzten 12 Monate", stöhnt er und denkt dabei an das Gespräch, das er gerade mit seinem Chef, Anton Armleuchter, dem Geschäftsführer der Bunsenbrenn AG, geführt hat.

Armleuchter hatte Fred zu sich gerufen, nachdem Fred zuvor in einer Sitzung der Geschäftsführung über den Stand des Projektes „Neue Strategie der Bunsenbrenn AG" informiert hatte, das Fred als Projektmanager betreut. Leider konnte Fred trotz sechsmonatiger Arbeit seiner Projektgruppe noch keine Ergebnisse vorlegen, die die Geschäftsführung zufrieden stellten – und dies schien besonders Herrn Armleuchter zu missfallen. „Klabuster, da haben Sie ja einen rechtschaffenen Mist erzählt", war noch eine der freundlicheren Äußerungen, die Fred sich anhören musste.

Auch seine Entschuldigung – „eigentlich hatte ich gar nicht genügend Leute und Geld, und auch die Zeit für unser Projekt war viel zu kurz" – überzeugte seinen Chef nicht. Aber wirklich, so denkt Fred: „Egal wohin wir schauten, fanden wir immer neue Probleme – und jedes war wichtiger als das Vorherige. Und die Datenflut: wir ertrinken in den Daten, die müssen alle erst einmal gesichtet und verarbeitet werden."

Fred hätte Herrn Armleuchter ja schon lange einen Vorschlag für eine neue Strategie der Bunsenbrenn AG vorgelegt, wenn nicht jeder der Abteilungsleiter, mit denen Fred im Rahmen seines Projektes sprach, ihm andere Anforderungen und Prioritäten genannt hätte. „Und Armleuchter selber hatte wirklich nie Zeit für mich", so sagt Fred sich selbst – „ich hatte nie Gelegenheit, mit ihm über unsere vielen Ideen sprechen zu können."

Zu allem Überfluss traut sich Fred nach dem heutigen Gespräch auch nicht mehr so recht, seinem Chef diese Strategieideen vorzutragen, denn erstmalig glaubt Fred, aus dem Gespräch herausgehört zu haben, dass Armleuchter eigentlich gar keine langfristige Strategie sucht, wovon Fred ja immer ausging, sondern viel stärker daran interessiert ist, kurzfristige Kostensenkungen „einzufahren". „Verdammt noch mal, Klabuster, unser wichtigstes Problem ist es, in diesem Jahr noch 20 Millionen einzusparen. Wenn wir dies nicht schaffen, haben wir ein echtes Problem – und Sie auch."

Der Fall des unglücklichen Fred Klabuster ist nicht unrealistisch. Er beschreibt einen **gescheiterten Problemlösungsprozess**. Und das ist im Leben – und hier speziell: in Unternehmen – nichts Seltenes.

Warum aber scheitern Problemlösungen so häufig? Warum werden Menschen mit der Lösung von Problemen betraut, investieren unglaublich viel Zeit und Energie und müssen am Ende ihrer Arbeit feststellen, dass alles umsonst war? Liegt es vielleicht daran, dass jene Menschen, die es nicht schaffen, Probleme erfolgreich zu lösen, einfach zu dumm sind, die ihnen übertragenen Aufgaben zu meistern?

Ich bin davon überzeugt, dass in der Mehrzahl der Fälle der Grund für gescheiterte Problemlösungen nicht in der (mangelnden) Intelligenz oder Sachkenntnis der beteiligten Menschen zu suchen ist, sondern darin, dass diese Menschen unzweckmäßig an das zu lösende Problem herangegangen sind. Anders ausgedrückt: Sie scheiterten, weil ihre **Problemlösungsmethodik** unzureichend war. Der Fall von Fred Klabuster ist ein gutes Beispiel hierfür. Äußerungen wie „wir hatten nicht genügend Leute und Geld", „wir ertranken in den Daten" und „unser Chef hatte nie wirklich Zeit für uns" sind beredte Belege einer unzweckmäßigen Vorgehensweise. Und dass sich erst am Ende der Problemlösung ein Missverständnis über die zu lösende Aufgabe offenbart, spricht auch nicht gerade für ein sinnvolles Herangehen an das Problem. Problemlösungen, wie in unserem Beispiel, sind geradezu zum Scheitern verurteilt, wenn versäumt wird:

- **Am Anfang des Problemlösungsprozesses Klarheit über das zu lösende Problem zu schaffen.**

Solange diese nicht besteht, ist es sinnvoll, an der Identifikation und Klärung des Problems zu arbeiten – und nicht an seiner (vermeintlichen) Lösung. Nur wenn der eigentliche Auftrag des Problemlösungsteams klar ist und die Ziele transparent gemacht werden, die der Auftraggeber mit der Problemlösung verfolgt, kann ein Problem erfolgreich gelöst werden.

- **Alle Teilaspekte und Zusammenhänge des Problems systematisch herauszuarbeiten.**

Jedes Problem besteht aus einzelnen Teilproblemen, die miteinander verknüpft sind. Um es wirklich verstehen und lösen zu können, ist es notwendig, diese vollständig aufzuzeigen – eine Problemstruktur zu entwickeln. Nur so kann vermieden werden, dass Teilprobleme in einer unzweckmäßigen Reihenfolge bearbeitet werden oder immer neue Teilprobleme auftauchen und sich in den Vordergrund drängen. Eine vollständige Problemstruktur ist zudem eine Voraussetzung dafür, dass das Problemlösungsteam Prioritäten setzen und damit seine eigene Arbeit auf die wichtigen Aspekte fokussieren kann.

- **Erarbeitete Problemlösungen wirkungsvoll und verständlich zu kommunizieren.**

Wenn eine sinnvolle Lösung für das Problem gefunden ist, ist noch gar nichts gewonnen. Oft ist es viel schwieriger, diese Lösung verständlich zu machen, zu begründen und durchzusetzen. Dies kann nur gelingen, wenn das Problemlösungsteam auf die Kommunikation seiner Arbeitsergebnisse genauso viel Wert legt wie auf deren Entwicklung. Problemlösung und Kommunikation müssen Hand in Hand gehen.

- **Die Arbeit des Problemlösungsteams selbst zu steuern.**

Praktische Problemlösungen sind im Regelfall komplexe Aufgabenstellungen, die in einem begrenzten Zeitraum von einem Team bearbeitet werden müssen. Zielsetzung, Arbeitsteilung und Koordination des Teams sowie seine Zusammenarbeit mit den Entscheidungsträgern dürfen sich daher nicht zufällig ergeben – die Arbeit eines Problemlösungsteams muss selbst organisiert und gesteuert werden.

Diese vier Punkte beschreiben die wesentlichen Voraussetzungen, die erfüllt werden müssen, um Probleme erfolgreich und auch mit Spaß zu lösen. In den folgenden Abschnitten dieses Buches möchte ich eine Problemlösungsmethodik vorstellen, die diese Anforderungen erfüllt. Zu diesem Zweck soll der **Problemlösungsprozess** in fünf Teilaktivitäten untergliedert werden, die auch die Struktur dieses Buches bilden (Abbildung 1.1):

- – Problemidentifikation,

- – Problemstrukturierung,

- – Problemanalyse,

- – Kommunikation der Problemlösung und

- – Management des Problemlösungsprozesses.

Ein Sachverhalt sei an dieser Stelle noch einmal ausdrücklich betont: Die im Folgenden vorgestellte Problemlösungsmethodik allein kann natürlich auch nicht sicherstellen, dass ein Problem erfolgreich gelöst wird – denn eine zweckmäßige Vorgehensweise ist keine hinreichende Bedingung für den Erfolg eines Problemlösungsprozesses. Motivation, Kreativität und Fachwissen der Beteiligten sind gleichermaßen wichtig, damit ein Team ein Problem erfolgreich lösen kann. Ohne eine zweckmäßige Methodik wird es aber enorm schwierig, wenn nicht unmöglich, Wissen und Kreativität der Teammitglieder positiv zu einer Problemlösung zusammenzuführen sowie die Motivation der Menschen zu erhalten und zu nutzen. In diesem (und nur in diesem) Sinne wird die im Folgenden vorgestellte Problemlösungsmethodik zur Voraussetzung erfolgreicher Problemlösungsprozesse.

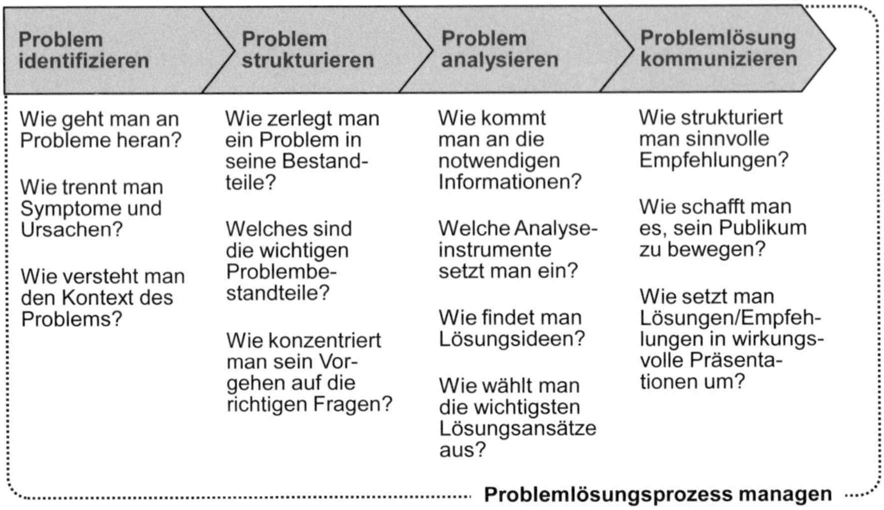

Problem identifizieren	Problem strukturieren	Problem analysieren	Problemlösung kommunizieren
Wie geht man an Probleme heran?	Wie zerlegt man ein Problem in seine Bestandteile?	Wie kommt man an die notwendigen Informationen?	Wie strukturiert man sinnvolle Empfehlungen?
Wie trennt man Symptome und Ursachen?	Welches sind die wichtigen Problembestandteile?	Welche Analyseinstrumente setzt man ein?	Wie schafft man es, sein Publikum zu bewegen?
Wie versteht man den Kontext des Problems?	Wie konzentriert man sein Vorgehen auf die richtigen Fragen?	Wie findet man Lösungsideen?	Wie setzt man Lösungen/Empfehlungen in wirkungsvolle Präsentationen um?
		Wie wählt man die wichtigsten Lösungsansätze aus?	

Problemlösungsprozess managen

Abbildung 1.1: *Teilaktivitäten im Rahmen eines Problemlösungsprozesses*

2 Probleme identifizieren

„Sie machen das schon!"

Alles fing damit an, dass Anton Armleuchter Fred am 1. März zu sich rief. „Klabuster", so begrüßte er Fred, „Sie sind jetzt bereits fast zwei Jahre in unserem Unternehmen und haben sich mit Ihrem Einsatz viel Lob verdient. Gerade weil Sie sich so toll schlagen, habe ich eine wirklich spannende Aufgabe für Sie."

„Die spannende Aufgabe", so erfuhr Fred, „besteht darin, eine neue Strategie für das Unternehmen zu entwickeln. Wissen Sie Klabuster, jedes gute Unternehmen braucht eine Strategie, und auch wir können nicht so weiter wurschteln wie in der Vergangenheit, wenn wir auch in Zukunft schwarze Zahlen schreiben wollen!" Und in der Tat, so dachte auch Fred: „Ein wenig strategische Ausrichtung täte dem Laden ganz gut."

„Also, Sie machen das schon" – mit diesen Worten entließ Herr Armleuchter den frisch ernannten Projektmanager. Der sitzt nun in seinem Büro und denkt: „Was machen?" Eigentlich hat das Unternehmen Bunsenbrenn – ein mittelständischer Hersteller von Schweißbrennern – eine recht erfolgreiche Historie, vor allem dank hervorragender Produkte. Dies galt zumindest bis zum vorletzten Jahr, denn seit etwa anderthalb Jahren hat das Unternehmen seine Umsatz- und Ergebnisziele nicht mehr erreichen können. Für das laufende Jahr, so hatte der Abteilungsleiter aus dem Controlling Fred anvertraut, drohen sogar erstmals Verluste. „Woran kann das nur liegen?"

„Natürlich", überlegte Fred, „wäre es uns gelungen, die neuen Brenner rechtzeitig in den Markt zu bringen, hätten wir dieses Problem nicht." In der Tat hatte das Unternehmen technologisch vollkommen neuartige Produkte entwickelt, die den Konkurrenzprodukten deutlich überlegen sind, aber leider allzu häufig fehlerhaft waren und von den ersten Kunden reklamiert wurden. Zurzeit ist der Vertrieb der neuen Brenner erst einmal wieder eingestellt, um die Ursachen dieser Fehler zu finden.

„Und auch der Außendienst müsste einmal überdacht werden", sinnierte Fred weiter: „Für ein Unternehmen unserer Größe ist der Außendienst viel zu groß, und ob unsere Kunden die Außendienstler wirklich als „Berater" brauchen, wie der Vertrieb immer behauptet, weiß auch kein Mensch. Aber über den Außendienst sollte ich besser nicht nachdenken, der ist nun mal das Lieblingskind unseres Vertriebsleiters."

Weiter dachte Fred nach, was wohl die Probleme des Unternehmens verursacht haben mochte, und es drängte sich ihm der Verdacht auf, dass die Vielfalt des Produktprogramms auch ein Teil des Problems sei, denn über 80 % der Produkte sind Sonderanfertigungen. „Und die Konzentration auf nur vier Marktsegmente, unsere schwache Position im Ausland und die hohen Produktionskosten müssten wir auch ändern. Aber ob das noch zum Thema Strategie gehört?"

Üblicherweise denken wir, wenn jemand mit einer Aufgabe betraut wird, ist schon klar, was er machen soll – welches Problem er (oder sie) lösen soll. Leider ist dies nicht immer der Fall; ich meine sogar: In den meisten Fällen trifft genau das Gegenteil zu. Unser Beispiel von Fred Klabuster illustriert sehr gut, welche Schwierigkeiten typischerweise am Anfang eines Problemlösungsprozesses auftreten, weil man sich zunächst Klarheit über das zu lösende Problem verschaffen muss.

Freds Schwierigkeiten begannen damit, dass sein Auftraggeber ihn mit einer nur sehr **grob umrissenen Aufgabenstellung** auf den Weg schickte: „Wir brauchen eine Strategie." Und was eine Strategie ist, lässt sich bekanntermaßen nahezu beliebig interpretieren. Dass es Herrn Armleuchter nicht gelang, seinen Auftrag präziser zu formulieren, kann ihm allerdings nur zum Teil angelastet werden. Überspitzt formuliert könnte man nämlich sagen, dass ein Problemlösungsteam dann (und nur dann) eingesetzt wird, wenn ein besonders komplexes Problem zu lösen ist, dessen Zusammenhänge der Auftraggeber (sprich: der Entscheider) allein nicht erkennen und auflösen kann – ansonsten bräuchte er gar kein Problemlösungsteam. Anders ausgedrückt: Um eine Aufgabenstellung präzise zu formulieren, ist in vielen Fällen ein gewisses Maß an Problemdurchdringung notwendig, das der Auftraggeber alleine nicht leisten kann – hier ist das Problemlösungsteam mit gefordert.

Fred hätte vor diesem Hintergrund gut daran getan, am Anfang der Projektarbeit seine Aufgabenstellung selbst konkreter herauszuarbeiten. Hierdurch hätte er nicht nur die spätere Arbeit seines Problemlösungsteams besser ausrichten können, sondern er hätte auch gegenüber seinem Auftraggeber dokumentieren können, wie er, Fred Klabuster, das zu untersuchende Problem interpretiert. Missverständnisse darüber, was das Problemlösungsteam eigentlich erarbeiten soll (eine neue Strategie oder kurzfristige Kostensenkungen), hätten so vermieden werden können.

Die unklare Aufgabenstellung war aber nur eine der Schwierigkeiten, denen der Problemlöser Fred anfänglich gegenüberstand. Schon bei der Beschreibung der Ausgangssituation des Unternehmens Bunsenbrenn kamen weitere hinzu: Wie gravierend ist der Ergebnisrückgang? Liegen die Ursachen im Markt oder sind die negativen Marktentwicklungen nur Symptome interner Problemursachen? Wer entscheidet eigentlich über die Problemlösung und welches sind die Ziele, die die Entscheidungsträger verfolgen? Gibt es Bereiche, die bei der Problembearbeitung nicht untersucht werden sollen? Gibt es Lösungsalternativen, die von vornherein ausgeschlossen sind? Diese und ähnliche Fragen hätte er im Voraus klären müssen, um die eigentliche Problemlösung sinnvoll angehen zu können.

Erste Teilaktivität eines methodisch sinnvoll betriebenen Problemlösungsprozesses muss dementsprechend eine umfassende **Problemidentifikation** sein. Ihre Aufgabe ist es:

–   *Problemsymptome* und *Problemursachen* zu trennen und beide – soweit erkennbar – zu beschreiben,

–   die zu lösende *grundsätzliche Frage* (die Aufgabenstellung) zu definieren,

–   die *Entscheidungsträger* und deren *Entscheidungskriterien* zu benennen und

–   eventuelle *Lösungseinschränkungen* und vorab definierte *Grenzen der Problembearbeitung* festzuhalten.

Ein Problemlösungsteam sollte sich bei Beginn seiner Projektarbeit die Zeit nehmen, diese Teilaufgaben zu erfüllen. Dadurch soll zweierlei erreicht werden: Erstens soll im Team selbst ein einheitliches Verständnis der Aufgabenstellung geschaffen werden. Daher sind die Antworten auf die genannten Fragen im gesamten Team zu erarbeiten. Zweitens soll das Problemlösungsteam seinem Auftraggeber vermitteln, wie es die Aufgabenstellung interpretiert. Durch eine solche „Feedback-Schleife" am Anfang des Projektes können Missverständnisse über die tatsächliche Aufgabe des Teams vermieden werden, die ansonsten am Ende des Problemlösungsprozesses aufwändig bereinigt werden müssten.

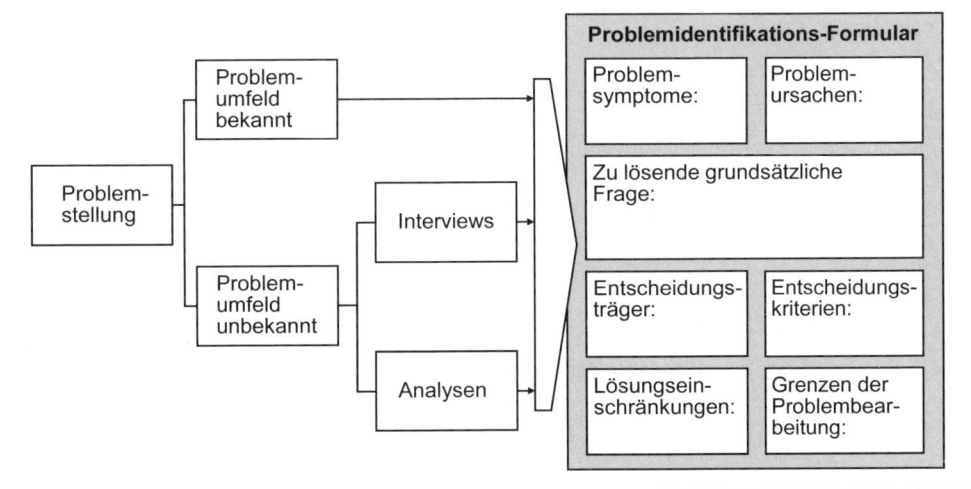

Abbildung 2.1: *Von der Problemstellung zum Problemidentifikations-Formular*

Als Hilfsmittel kann hierbei ein **Problemidentifikations-Formular** eingesetzt werden, wie es in Abbildung 2.1 abgebildet ist. Dieses leitet die Problemidentifikation an und dokumentiert ihre Ergebnisse. Je nachdem, wie gut der Wissensstand des Problemlösungsteams über das Umfeld des zu bearbeitenden Problems bereits ist, kann diese Aktivität unmittelbar mit

Beginn seiner Arbeiten erfolgen oder durch vorangehende Interviews und Analysen unterstützt werden. Im Einzelnen sind folgende Fragen zu beantworten:

- ### Wie sehen die Problemsymptome aus?

Problemsymptome sind die sichtbaren Auswirkungen des Problems und sind vergleichbar mit den Schmerzen eines Patienten, der zum Arzt geht – also z. B. rückläufige Umsätze, Marktanteilsverluste, sinkende Kundenzufriedenheit. Die Auflistung und Beschreibung der Problemsymptome hilft dabei, die (möglicherweise sehr vielfältigen) Facetten eines Problems besser zu verstehen, um sie später genauer untersuchen zu können.

- ### Wo sind die Problemursachen zu suchen?

Hinter den Problemsymptomen stehen die Problemursachen. Ein Problem kann nur gelöst werden, wenn seine Ursachen bekämpft werden. In diesem frühen Stadium der Problembearbeitung können natürlich nur Annahmen über mögliche Ursachen formuliert werden (z. B. Auftreten neuer Wettbewerber, Preissenkungen im Markt, ungünstige Kostenstruktur des eigenen Vertriebskanals), denen später im Detail nachgegangen werden muss. Problemursachen umfassend zu erkennen, ist auch gar nicht der Zweck dieser Aktivität; viel wichtiger ist es zu diesem Zeitpunkt, Hypothesen über mögliche Ursachen zu dokumentieren, um schon die ersten Schritte des Problemlösungsteams auf ein sinnvolles Ziel auszurichten.

- ### Was ist die zu lösende grundsätzliche Frage?

Die Definition der zu lösenden Frage ist wohl die wichtigste Aufgabe im Rahmen der Problemidentifikation. Sie dient dazu, die Aufgabenstellung explizit herauszuarbeiten, bestimmt das Untersuchungsspektrum und grenzt damit die Arbeit des Problemlösungsteams ein bzw. leitet diese an. Gleichzeitig führt die Definition der zu lösenden Frage dazu, dass mit dem Auftraggeber ein gemeinsames Grundverständnis über Untersuchungsziele und -umfang geschaffen werden kann. Die wesentliche Schwierigkeit bei dieser Aktivität besteht darin, die grundsätzliche Frage hinreichend präzise zu beschreiben, ohne dabei infolge einer zu engen Definition Teile des Problems auszugrenzen. Eine präzise, aber nicht zu eng formulierte Frage zeigt das in Abbildung 2.2 wiedergegebene Beispiel: „Wie kann die Ergebnissituation des Unternehmens Bunsenbrenn verbessert werden?"

- ### Wer sind die Entscheidungsträger?

Hier sind all diejenigen Personen zu benennen, die am Ende der Problembearbeitung über die Verwirklichung der Problemlösung entscheiden werden (z. B. die Geschäftsführung). Sie zu identifizieren ist wichtig, um die Abstimmung der Aufgabenstellung, der Vorgehensweise und der (Zwischen-)Ergebnisse frühzeitig planen zu können. Nur so kann im späteren Projektverlauf die notwendige Management-Unterstützung gesichert werden. Wenn über die Führungskräfte nachgedacht wird, die in die Lösungsfindung und -umsetzung einbezogen werden sollten, ist es zudem sinnvoll, auch die anderen Personen zu beachten, die informiert oder beratend hinzugezogen werden sollten, oder die eine Entscheidung ausführen müssen.

Schließlich kann auch die beste Lösung nur dann erfolgreich implementiert werden, wenn alle an einem Strang ziehen.

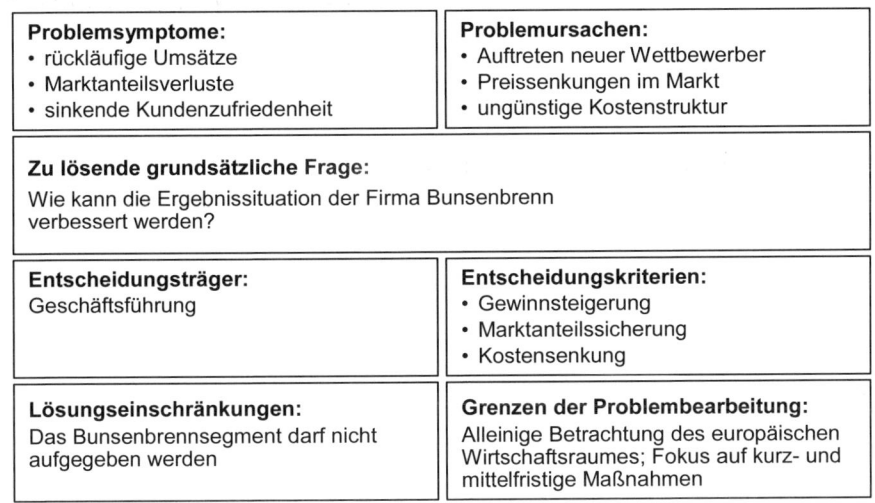

Problemsymptome:
- rückläufige Umsätze
- Marktanteilsverluste
- sinkende Kundenzufriedenheit

Problemursachen:
- Auftreten neuer Wettbewerber
- Preissenkungen im Markt
- ungünstige Kostenstruktur

Zu lösende grundsätzliche Frage:
Wie kann die Ergebnissituation der Firma Bunsenbrenn verbessert werden?

Entscheidungsträger:
Geschäftsführung

Entscheidungskriterien:
- Gewinnsteigerung
- Marktanteilssicherung
- Kostensenkung

Lösungseinschränkungen:
Das Bunsenbrennsegment darf nicht aufgegeben werden

Grenzen der Problembearbeitung:
Alleinige Betrachtung des europäischen Wirtschaftsraumes; Fokus auf kurz- und mittelfristige Maßnahmen

Abbildung 2.2: *Beispiel einer Problemidentifikation*

- ### Was sind die Entscheidungskriterien?

Wenn klar ist, wer entscheidet, kann auch geklärt werden, auf Basis welcher Kriterien über die Verwirklichung späterer Lösungsvorschläge entschieden wird. Diese Entscheidungskriterien bestimmen die Ziele, die mit der Problemlösung erreicht werden sollen (z. B. Gewinnsteigerung, Marktanteilssicherung, Kostensenkung), und die genauen Maße, mit denen die Erreichung dieser Ziele gemessen werden soll. Die Entscheidungskriterien am Anfang der Problembearbeitung explizit zu definieren, dient nicht nur dazu, mit (und unter) den Entscheidungsträgern einen Konsens über Ziele und Prioritäten zu schaffen, sondern auch dazu, die inhaltliche Projektarbeit des Problemlösungsteams anzuleiten. Das Team muss dafür sorgen, dass für alle Problemlösungsmöglichkeiten untersucht wird, wie sie sich auf diese Ziele auswirken – es muss also entsprechende Analysen einplanen.

- ### Welche Lösungseinschränkungen sollen beachtet werden?

Lösungseinschränkungen grenzen den in Frage kommenden Lösungsraum ein. So kann z. B. eine Lösungseinschränkung darin bestehen, dass nur solche Lösungsalternativen entwickelt werden sollen, die keine umfangreichen Investitionen erfordern – etwa weil die Finanzmittel des Unternehmens beschränkt sind. Im Falle der Bunsenbrenn GmbH von Fred Klabuster

könnte es sein, dass die Geschäftsführung von vorneherein ausschließt, das Bunsenbrenner-
segment aufzugeben, da die Entscheidungsträger sich mit diesem Segment aufgrund seiner
historischen Bedeutung für das Unternehmen besonders stark identifizieren. Wenn Einschränkungen des Lösungsraums vorab erkennbar sind, ist es natürlich sinnvoll, diese festzuhalten – die Arbeit des Projektteams kann so von unnötigen Aktivitäten befreit werden. Allerdings ist im Laufe der Projektarbeit immer wieder zu überprüfen, ob die ursprünglich
vorgenommenen Einschränkungen mit wachsendem Erkenntnisfortschritt noch zu rechtferti-
gen oder aber anzupassen sind. Häufig besteht ein wichtiger Wertbeitrag eines Problemlösungsteams gerade darin, bei den Entscheidungsträgern fest etablierte Denkweisen in Frage
zu stellen und damit auch Lösungseinschränkungen anzuzweifeln.

- **Wo liegen die Grenzen der Problembearbeitung?**

Die Grenzen der Problembearbeitung legen fest, welche Bereiche aus der Untersuchung von
vornherein ausgeklammert werden sollen. Anders als bei den Lösungseinschränkungen geht
es also nicht darum, unzulässige Lösungsalternativen zu definieren, sondern es geht darum,
denkbare Fragestellungen auszugrenzen, die nicht näher untersucht werden sollen (z. B. die
Betrachtung des außereuropäischen Wirtschaftsraumes). Auch diese Festlegung dient wieder
dazu, die Arbeit des Problemlösungsteams zu fokussieren und mögliche Missverständnisse
mit dem Auftraggeber zu vermeiden.

Die Problemidentifikation ist nur der erste Schritt einer erfolgreichen Problemlösung, aber
mit Sicherheit einer der wichtigsten Schritte. Auch wenn es ein Problemlösungsteam drängt,
sich an die inhaltliche Analyse zu machen, und es anfänglich manchmal so scheint, als sei es
nicht nötig, sich explizit mit der Aufgabenstellung, den Entscheidungsträgern oder den Lösungseinschränkungen zu befassen – was am Anfang versäumt wird, hat umso problemati-
schere Auswirkungen, je weiter ein Projekt fortschreitet. Anders ausgedrückt: Was am Anfang versäumt wurde, muss später mit immer größerem Aufwand nachgeholt werden. Wer
vermeiden möchte, am Ende des Projektes zu erfahren, dass er „das falsche Problem, mit den
falschen Prioritäten, zum falschen Zeitpunkt" bearbeitet hat, tut gut daran, sich am Anfang
seiner Arbeit die Zeit für eine systematische Problemidentifikation zu nehmen.

3 Probleme strukturieren

3.1 Zweck und Anforderungen der Problemstrukturierung

> **„Wir sehen vor lauter Bäumen den Wald nicht mehr!"**

Die ersten Wochen verbrachte Fred mit seiner Projektgruppe damit, alle möglichen Informationen zu sammeln: „Wir wissen noch viel zu wenig, um eine Strategie entwickeln zu können, die uns wieder in die Gewinnzone zurückführt. Wir sollten uns erst einmal schlau machen." Also sammelten Fred und seine Mitstreiter emsig, was sie an Controlling- und Absatzberichten, an Marktforschungs- und Verkaufsanalysen, Produktionskennzahlen und Nutzungsstatistiken, Einkaufs- und Bestandsanalysen, Personal- und Kostenauswertungen finden konnten.

Jedes Mal, wenn Sie einen neuen Bericht, eine neue Statistik oder eine neue Auswertung erhielten, wuchs nicht nur der Papierberg auf Freds Schreibtisch, sondern auch seine Verwirrung. „Irgendwie ist mir das Ganze noch vollkommen undurchsichtig", sagte er zu Else Warm, seiner rechten Hand: „Die Umsätze gehen zurück, gleichzeitig sagt der Vertrieb, dass die Nachfrage wächst. Wir verkaufen immer mehr Produkte und verdienen immer weniger. Die Produktion klagt über „Dauerstress", aber gleichzeitig sind viele Maschinen nicht ausgelastet." „Und vergiss nicht die neuen Brenner und deren Probleme, mit denen müssen wir uns auch beschäftigten", warf Else ein. „Ich glaube, wenn wir das Unternehmen wieder erfolgreich machen wollen, müssen wir an allen Ecken gleichzeitig ansetzen."

Und so stürzten sich Freds Problemlöser in die Arbeit, von morgens 8 Uhr bis spät in die Nacht. Aber richtig zufrieden mit ihrer Arbeit waren sie nicht. Immer wieder stellten sie fest: „Irgendwie hängt hier alles mit jedem zusammen" – Umsatzrückgang und Kostensteigerung, Vertriebsprobleme und Produktionsleistung, Marktbearbeitung und Wettbewerber. „Und wenn wir „A" anfassen, taucht sofort „B" auf und ist dann auch gleich viel wichtiger."

Und so kam Fred nach sechs Wochen Arbeit zu dem frustrierenden Ergebnis: „Wir sind wie unsere eigene Produktionsabteilung: Voll unter Dampf, aber keinen Meter vorangekommen. Ich glaube, wir sehen vor lauter Bäumen den Wald nicht mehr."

In unserem Beispiel muss Freds Projektgruppe feststellen, dass die von ihnen zu bearbeitende Problemstellung eine unangenehme Eigenschaft hat: sie ist wirklich komplex. Und Komplexität drückt sich nicht nur darin aus, dass es schwierig ist, Lösungen für das untersuchte Problem zu finden. Schon viel früher, wenn es darum geht, das Problem richtig zu verstehen, macht sich die Komplexität bemerkbar: „Irgendwie hängt hier alles mit allem zusammen", stellt unser Projektleiter Fred frustriert fest.

Die **Komplexität unternehmerischer Probleme** macht es erforderlich, dass im Rahmen eines Problemlösungsprozesses nach der Problemidentifikation bzw. -definition – und vor der Suche nach Problemlösungen – zunächst (oft erhebliche) Anstrengungen unternommen werden, das Problem in seinen Teilaspekten und Zusammenhängen zu verstehen. Wenn tatsächlich „alles mit allem zusammenhängt", dann muss jeder einzelne dieser Zusammenhänge von dem Problemlösungsteam verstanden werden, bevor Lösungsalternativen entwickelt werden können. Die Teilaktivität im Rahmen eines Problemlösungsprozesses, die dem vertieften Verständnis der Teilprobleme und ihrer Zusammenhänge gewidmet ist, ist die **Problemstrukturierung**.

Problemstrukturierung bedeutet allgemein gesprochen, dass ein Problem in kleinere Teilprobleme zerlegt wird (Abbildung 3.1). So entsteht ein (baumartiger) Problemaufriss, der von der zu untersuchenden Frage ausgeht und diese stufenweise in immer konkretere Teilprobleme aufspaltet. Eine systematische Strukturierung von Problemen ist mit einer Reihe von Vorteilen verbunden:

- **Problemstrukturierung erleichtert die Lösungssuche.**

Sie macht Teilprobleme überschaubar und zeigt die Zusammenhänge zwischen diesen auf. Gleichzeitig macht sie Schwerpunktthemen schneller erkennbar, die bei der späteren Lösungssuche vorrangig angegangen werden sollten.

- **Problemstrukturierung erleichtert die Vorgehensplanung.**

Je besser das Projektteam über die Teilaspekte und Zusammenhänge des Problems informiert ist, desto eher wird es ihm gelingen, sein eigenes Vorgehen zweckmäßig zu planen. So können auf der Basis der Problemstrukturierung Möglichkeiten zur Parallelarbeit genutzt werden, Schwierigkeiten werden früher erkennbar, die Zeitplanung transparenter und insgesamt das Vorgehen des Problemlösungsteams zielorientierter.

Problem **Teilproblemebene 1** **Teilproblemebene 2**

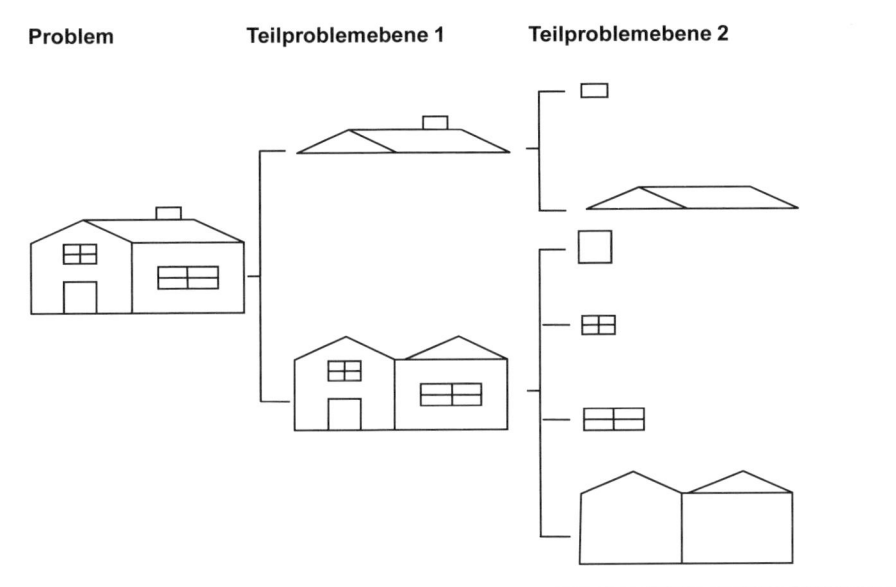

Abbildung 3.1: *Prinzip der Problemstrukturierung*

- **Problemstrukturierung erleichtert die Kommunikation.**

Wirkungsvolle Kommunikation setzt ebenfalls eine klare Struktur voraus. Diese kann nur derjenige schaffen, der ein Problem in seinen Zusammenhängen verstanden hat und die Kernaussagen und Argumentationslinien für die Kommunikation aus der Problemstruktur ableiten kann.

Die Schwierigkeiten bei der Problemstrukturierung liegen im Allgemeinen weniger in den Inhalten (dem Problem) als in der Logik (der Strukturierung): Einem Problemlösungsteam, das ein gewisses Grundverständnis von seinem Arbeitsgebiet entwickelt hat, wird es meist möglich sein, die wesentlichen inhaltlichen Fragestellungen darüber zusammenzutragen. Diese logisch – das heißt in ihren wechselseitigen Zusammenhängen und Abhängigkeiten – zu strukturieren, ist die eigentliche Schwierigkeit. Um diese Schwierigkeit zu bewältigen, gilt für die Problemstrukturierung im Rahmen eines Problemlösungsprozesses vor allem die Anforderung, zugleich trennscharf und vollständig zu sein – eine Anforderung, die ich in Anlehnung an Barbara Minto als „**MECE-ness**" bezeichne[1]. Welche Bedingungen müssen erfüllt sein, damit eine Problemstruktur **MECE** ist?

---

[1] Vgl. ausführlich Minto, B. (2009), S. 96 ff.

- **Die Problemstruktur muss „Mutually Exclusive" sein – ME!**

Eine Problemstruktur ist dann Mutually Exclusive (ME), wenn einzelne Aussagen, die in einem Ast des Problemaufrisses auf einer gemeinsamen Ebene angeordnet werden, sich inhaltlich nicht überschneiden – sie müssen sich gegenseitig logisch ausschließen.

- **Die Problemstruktur muss „Collectively Exhaustive" sein – CE!**

Eine Problemstruktur ist dann Collectively Exhaustive (CE), wenn die Aussagen, die in einem Ast des Problemaufrisses auf einer gemeinsamen Ebene angeordnet werden, in Summe die Aussage auf der nächsthöheren (stärker aggregierten) Strukturebene vollständig abdecken – sie müssen deren Inhalte vollständig wiedergeben.

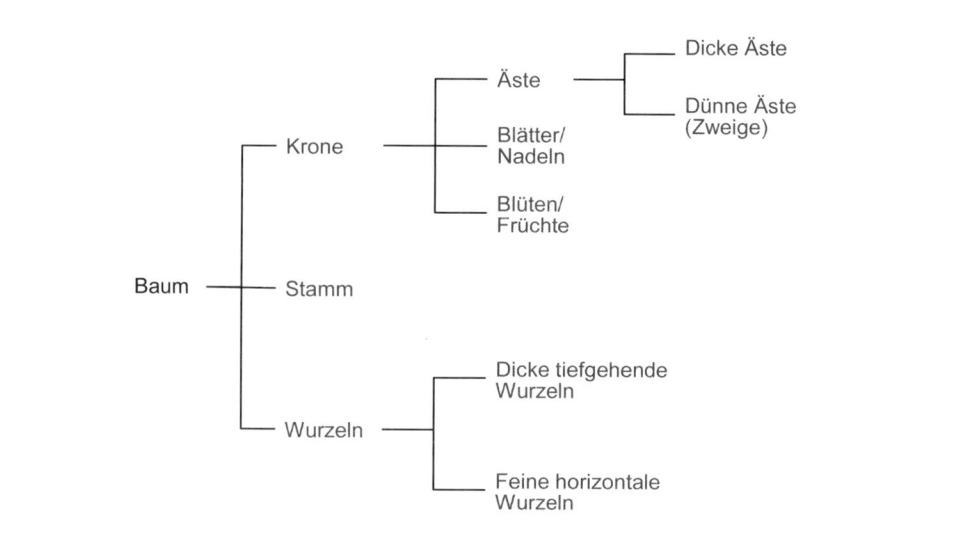

Abbildung 3.2: MECE-Prinzip – Beispiel eines Baumes im Sommer

Das Konzept der MECE-ness lässt sich gut verstehen, wenn man sich einen Baum im Sommer vorstellt und versucht, diesen in seine Teile zu untergliedern, um ihn zu beschreiben. So könnte man, wie in Abbildung 3.2 dargestellt, den Baum auf der ersten Ebene unterteilen in die Teile Krone, Stamm und Wurzeln. Diese Unterteilung ist Mutually Exclusive (ME), weil kein Teil des Baumes zugleich in zwei oder gar drei Kategorien fallen würde. Im Gegenteil: alle Teile des Baumes lassen sich zweifelsfrei entweder als Teil der Krone, des Stamms oder der Wurzeln einordnen. Die Unterteilung wäre auch Collectively Exhaustive (CE), weil in den drei Bereichen Krone, Stamm und Wurzeln alle Teile des Baumes enthalten sind. Auch die weiteren Untergliederungen, die in der Abbildung dargestellt sind, erfüllen diese Kriterien der MECE-ness.

Entscheidend für das Verständnis des Konzeptes der MECE-ness ist, dass es niemals nur eine Möglichkeit gibt, einen Gegenstand oder ein Problem trennscharf und vollständig zu strukturieren. Im Gegenteil, es gibt häufig sehr viele solcher Einteilungsmöglichkeiten. So würde wahrscheinlich ein Chemiker einen Baum ganz anders unterteilen, nämlich in seine chemischen Bestandteile wie Wasserstoff und Kohlenstoff. Ein Maler hingegen würde möglicherweise allein die Farben des Baumes nutzen, um dessen Struktur darzustellen. Ein Biologe wiederum würde womöglich den Baum auf der ersten Strukturierungsebene in seinen Lebensphasen beschreiben und dabei zwischen einem Keimling, einem jungen Baum und einem ausgewachsenen Baum unterscheiden.

MECE-ness ist eine Anforderung, die sich gleichermaßen auf Strukturen wie Prozesse beziehen kann. Dementsprechend unterscheidet man Struktur- und Prozess-MECE-ness. Wie in Abbildung 3.3 verdeutlicht, bedeutet **Struktur-MECE-ness**, einen Gegenstand in einem ganz spezifischen Zustand in seine Teile aufzubrechen. Der Strukturbaum, den wir oben bereits kennen gelernt haben, ist eine Art, Strukturen trennscharf und vollständig darzustellen. Auch eine Landkarte, die Ländergrenzen anzeigt, ist letztlich nichts anderes als eine Struktureinteilung. Im Managementkontext werden sehr häufig auch hierarchische Strukturen verwendet. Der Grundgedanke einer Hierarchie ist es, (häufig zwei oder drei) besonders wichtige Aspekte eines Gegenstands, die trennscharf voneinander zu unterscheiden sind, hervorzuheben und die anderen, nicht so wichtigen, Aspekte unter den Oberbegriff „Sonstiges" zu vereinen. Der eben beschriebene Laubbaum z. B. besteht aus Blättern, Holz und Sonstigem.

Prozess-MECE-ness bedeutet, eine über die Zeit stattfindende Entwicklung in trennscharfe, aber insgesamt vollständige Teile zu untergliedern. Die Einteilung eines Produktionsprozesses in verschiedene Phasen, die Darstellung der Lebenszyklen eines Unternehmens oder die Darstellung eines Entscheidungsprozesses sind typische Formen von über die Zeit stattfindenden Entwicklungen. Auch hinter kausalen (Ursache-Effekt-)Aussagen liegt stets die Idee eines Prozesses. So steht beispielsweise hinter der Aussage: „Wenn Unternehmen innovativ sind, sind sie meistens auch erfolgreich" ein kausaler, chronologisch streng geordneter Prozess, in dem die Innovativität eines Unternehmens zeitlich vor dem Erfolg existiert und Letzteren entscheidend beeinflusst. Auch bei der Beschreibung von zeitlichen Prozessen ist es wichtig, MECE zu sein – zum einen um alle, das Ergebnis beeinflussenden Variablen zu erfassen und zum anderen, um Ursachen von Folgen genau unterscheiden zu können.

Die Idee der MECE-ness würde auch Fred Klabuster helfen, das von ihm zu bearbeitende Problem besser zu strukturieren und damit erfolgreicher lösen zu können. Abbildung 3.4 zeigt, wie man das Problem der Bunsenbrenn GmbH MECE strukturieren könnte. Die Frage auf der Problemebene (die grundsätzlich zu lösende Frage) lautet: „Wie kann die Ergebnissituation des Unternehmens Bunsenbrenn verbessert werden?" Eine nahe liegende (aber natürlich nicht die einzig denkbare) Antwort wäre: „Indem der Umsatz gesteigert oder die Kosten gesenkt werden." Als Strukturierung auf der ersten Teilproblemebene bietet sich daher an:

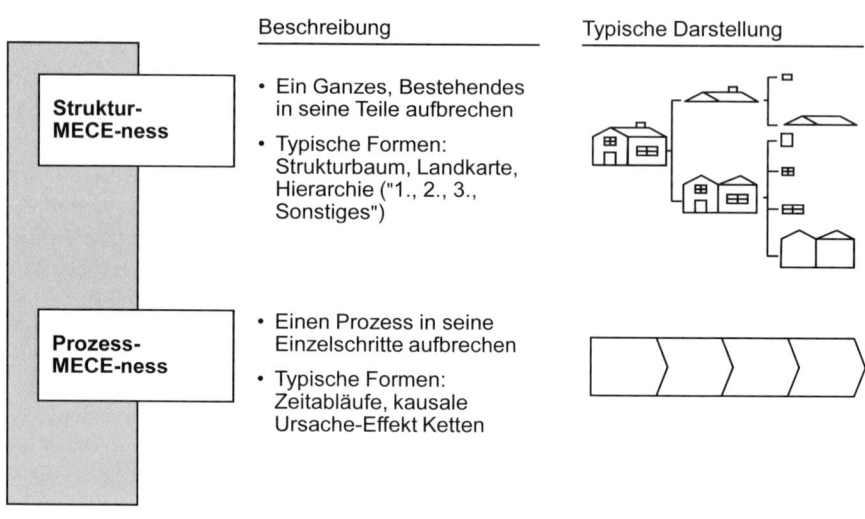

Abbildung 3.3: *Struktur- und Prozess-MECE-ness*

- Umsatz erhöhen,

- Kosten senken.

Diese Struktur ist MECE: Sie ist Mutually Exclusive, da Umsatzsteigerung und Kostensenkung logisch-definitorisch voneinander getrennte Sachverhalte sind, die in einer gemeinsamen Beziehung zum Ausgangsproblem stehen. Sie ist Collectively Exhaustive, da es (rein logisch) keine Ansatzpunkte neben diesen beiden gibt, mit denen das Ergebnis des Unternehmens Bunsenbrenn gesteigert werden könnte. Der Gewinn ist nun mal rechnerisch die Differenz von Erlösen und Kosten. Die MECE-ness der Strukturierung setzt sich auf den folgenden Strukturebenen fort; so wird beispielsweise das Teilproblem „Kosten senken" auf der nächsten Teilproblemebene durch die Ansatzpunkte

- Kosten der Leistungserstellung senken und

- Kosten der Leistungsverwertung senken

erklärt. Der gängigen betriebswirtschaftlichen Definition von Leistungserstellung und -verwertung entsprechend, decken diese Kosten alle Unternehmensaktivitäten ab (damit sind sie in Bezug auf den übergeordneten Aspekt „Kosten senken" Collectively Exhaustive – CE) und stellen zugleich begrifflich eindeutig voneinander getrennte Sachverhalte dar (damit sind sie Mutually Exclusive – ME).

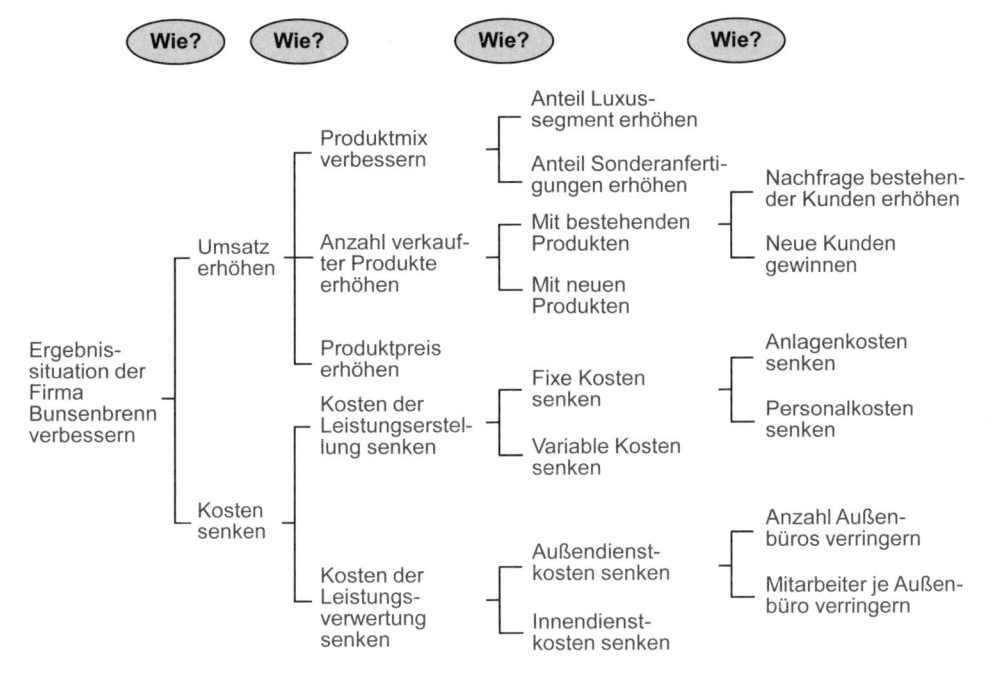

Abbildung 3.4: *Beispiel einer Problemstruktur*

Genauso wie bei der oben beschriebenen Strukturierung eines Sommerbaums viele verschiedene Möglichkeiten zur Strukturierung bestehen, wäre es natürlich auch hier möglich, auf der ersten Strukturebene einer vollkommen anderen Gliederungslogik zu folgen. So kann man z. B. das Problem „Wie kann die Ergebnissituation der Firma Bunsenbrenn gesteigert werden?" auch strukturieren, indem man auf der ersten Teilproblemebene zwischen anderen generischen Lösungswegen unterscheidet, wie z. B.:

– kurzfristig oder langfristig wirksame Verbesserungen,

– Verbesserungen durch interne oder externe Maßnahmen,

– Verbesserungen im Inland oder im Ausland oder

– Verbesserungen in Beschaffung, Produktion oder Absatz.

Je nachdem, welchen Ansatz man wählt, wäre der weitere Strukturbaum unterschiedlich aufgebaut. Dabei ist keiner dieser grundsätzlichen Strukturierungsansätze falsch, da alle diese Alternativen MECE sind. Welchen Ansatz ein Problemlösungsteam wählt, um das ihm übertragene Problem zu strukturieren, ist letztlich eine **Frage der Zweckmäßigkeit**, die vor allem anhand von zwei Aspekten beurteilt werden sollte:

- **Problemstruktur soll Problembedeutung widerspiegeln.**

Die wichtigsten Teilprobleme sollen auf möglichst niedrigen Strukturebenen (im Strukturbaum möglichst weit links) angesprochen werden, damit die Problemstruktur auch die Problembedeutung veranschaulicht.

- **Problemstruktur soll zu konkreten Ansatzpunkten führen.**

Je höher die Strukturebene ist, auf der ein Teilproblem angesprochen wird (je weiter rechts es im Baum steht), desto konkreter sollte es sein. Im Idealfall finden sich auf der jeweils letzten Strukturebene nur konkrete Maßnahmen, die einzeln oder in unterschiedlicher Zusammenstellung geeignet sein können, das Ausgangsproblem zu lösen. Eine logische Problemstrukturierung stellt insofern immer auch ein erstes Durchdenken des später zu analysierenden Lösungsraums dar – sie bereitet die Problemanalyse und die Suche nach Lösungsmöglichkeiten vor.

Eine Frage kommt bei der trennscharfen und vollständigen Problemstrukturierung häufig auf, nämlich: Bedeutet MECE-ness, dass sich einzelne Teilprobleme beziehungsweise Ansatzpunkte, die sich in der Problemstrukturierung ergeben (z. B. Kosten senken, Umsatz steigern), auch in der späteren Problemlösung gegenseitig ausschließen müssen? Die Antwort ist „nein". Oft wird es sich bei der Beurteilung von Lösungsalternativen sogar als sinnvoll herausstellen, eine Kombination verschiedener Ansatzpunkte auszuwählen; in unserem Beispiel hieße dies, an der Umsatz- und der Kostenseite zugleich anzusetzen. Die Anforderung der „MECE-ness" – speziell die Anforderung, dass Teilaspekte eines Problems Mutually Exclusive sein sollen – bedeutet also nur, dass diese Teilaspekte sich logisch-definitorisch ausschließen, nicht aber, dass diese Ausschließlichkeit auch bei einer eventuellen Realisierung besteht.

3.2 Logikbäume als Hilfsmittel zur Problemstrukturierung

Wie oben dargestellt, ist die Problemstrukturierung eine Aktivität, in der es darum geht, die **logischen Problemzusammenhänge** herauszuarbeiten. Die Hilfsmittel, die hierbei eingesetzt werden können, nennt man daher auch **Logikbäume**. Im Allgemeinen unterscheidet man drei Arten solcher Logikbäume (Abbildung 3.5): (1) den deduktiven Baum, (2) den Hypothesenbaum und (3) den Fragenbaum.

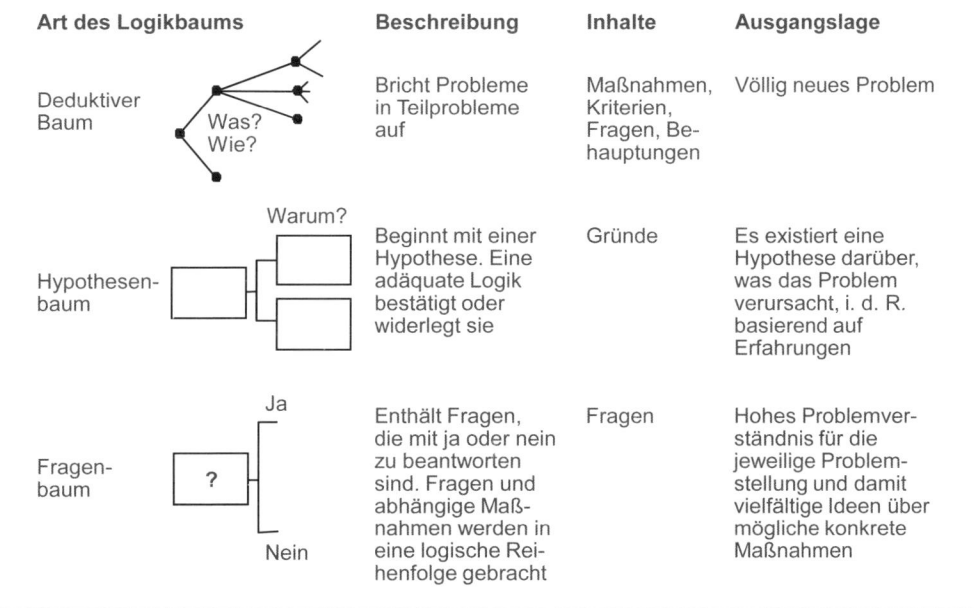

Art des Logikbaums		Beschreibung	Inhalte	Ausgangslage
Deduktiver Baum	Was? Wie?	Bricht Probleme in Teilprobleme auf	Maßnahmen, Kriterien, Fragen, Behauptungen	Völlig neues Problem
Hypothesen-baum	Warum?	Beginnt mit einer Hypothese. Eine adäquate Logik bestätigt oder widerlegt sie	Gründe	Es existiert eine Hypothese darüber, was das Problem verursacht, i. d. R. basierend auf Erfahrungen
Fragen-baum	? Ja Nein	Enthält Fragen, die mit ja oder nein zu beantworten sind. Fragen und abhängige Maßnahmen werden in eine logische Reihenfolge gebracht	Fragen	Hohes Problemverständnis für die jeweilige Problemstellung und damit vielfältige Ideen über mögliche konkrete Maßnahmen

Abbildung 3.5: *Arten von Logikbäumen*

(1) Deduktiver Baum

Ein deduktiver Baum ist die einfachste Form eines Logikbaums zur Strukturierung von Problemen. Die bereits weiter oben in Abbildung 3.4 beispielhaft dargestellte Problemstruktur ist in Form eines deduktiven Baums entwickelt worden. Das Kennzeichen eines deduktiven Baums ist, dass er ein gegebenes Problem stufenweise in immer feinere Teilprobleme aufbricht.

Geht man von einem zu lösenden Problem aus, das am Ausgangspunkt (an der „Wurzel") des deduktiven Baums steht, so gelangt man in einem deduktiven Baum zur nächsten Problemebene (in die „Äste"), indem man Fragen nach dem „Wie" oder „Was" stellt und beantwortet. Lautet also das Ausgangsproblem z. B. „Verbesserung der Ergebnissituation der Firma Bunsenbrenn", so führt die Beantwortung dieser Frage (hier: der Frage nach dem „Wie") auf der nächsten Strukturierungsebene zu den Aussagen „Umsatz steigern" bzw. „Kosten senken". Mit der gleichen Logik werden dann die weiteren Ebenen des Baums abgeleitet. Dabei stehen abhängig von dem untersuchten Problem und der Gliederungstiefe die unterschiedlichsten Strukturierungsansätze zur Verfügung. Abbildung 3.6 zeigt typische Ansätze, die sich bei betriebswirtschaftlichen Fragestellungen anbieten, um Probleme deduktiv zu strukturieren. Auch hier gilt, was bereits allgemein für die Problemstrukturierung gesagt wurde: die Wahl des Strukturierungsansatzes sollte so erfolgen, dass sie der Problembedeutung entspricht und am Ende der Problemstruktur zu konkreten Ansatzpunkten führt. Dies ist beispielsweise auch bei der in Abbildung 3.7 dargestellten ROI-Struktur der Fall, die logisch einen deduktiven Baum darstellt.

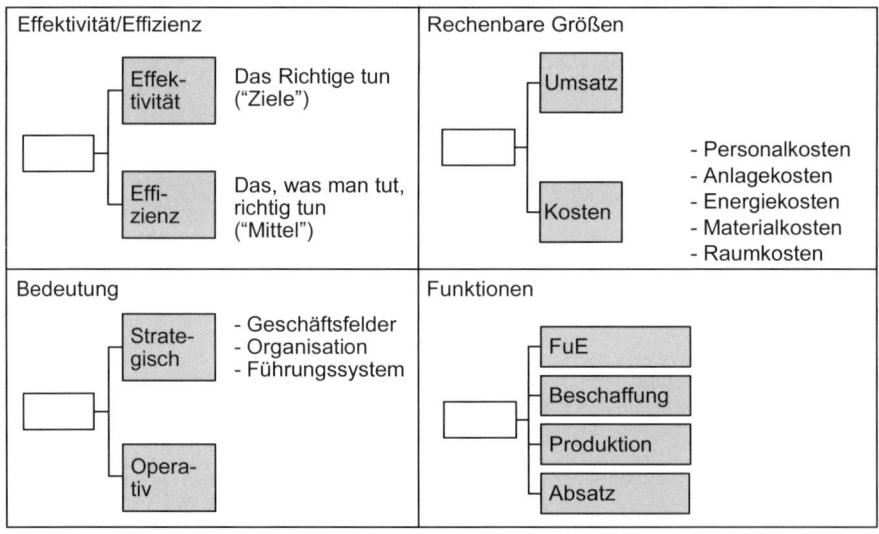

Abbildung 3.6: *Möglichkeiten zur Strukturierung deduktiver Bäume*

Der besondere Vorzug eines deduktiven Logikbaums besteht darin, dass er in allen Problemlösungssituationen eingesetzt werden kann. Auch wenn ein Problemlösungsteam noch relativ geringe Kenntnisse über sein Untersuchungsgebiet besitzt – das heißt: sich am Anfang eines Problemlösungsprozesses befindet –, lässt sich eine Problemstrukturierung mithilfe eines deduktiven Baums vornehmen. Der deduktive Aufbau des Baums hilft dabei, dass trotz geringer Vorkenntnisse kein Aspekt des Problems vergessen wird, weil man sich stufenweise vom Hauptproblem zu den Teilproblemen bewegt – und sich dabei auf jeder Ebene an der Anforderung der „MECE-ness" orientiert.

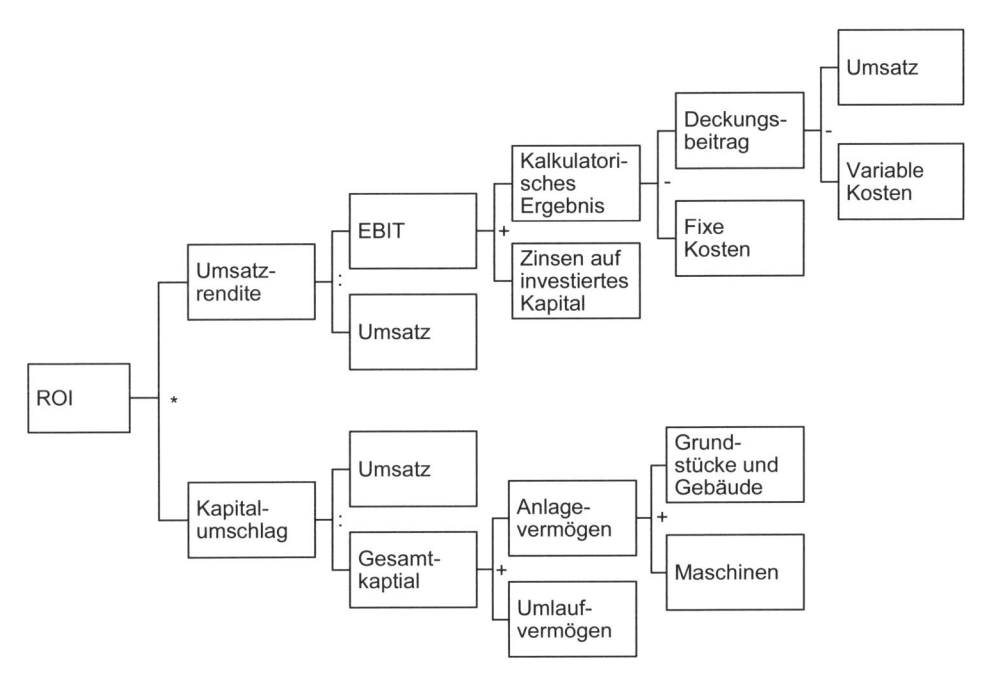

Abbildung 3.7: *ROI-Struktur als Beispiel eines deduktiven Baums*

(2)   Hypothesenbaum

Ein zweiter Typ eines Logikbaums zur Strukturierung von Problemen ist der so genannte Hypothesenbaum. Ausgangspunkt eines Hypothesenbaums ist stets eine konkrete Hypothese über die Ursache bzw. die Lösung des untersuchten Problems. Das Ziel der Strukturierung besteht darin, eine schlüssige Logik zu entwickeln, mit deren Hilfe die Ausgangshypothese begründet oder widerlegt werden kann. Diese Logik erhält man, indem auf jeder Stufe der Problemstrukturierung nach Begründungen für die Aussagen auf der jeweils vorangehenden Strukturebene gesucht wird – also, indem die Frage nach dem „Warum" gestellt wird (Abbildung 3.8).

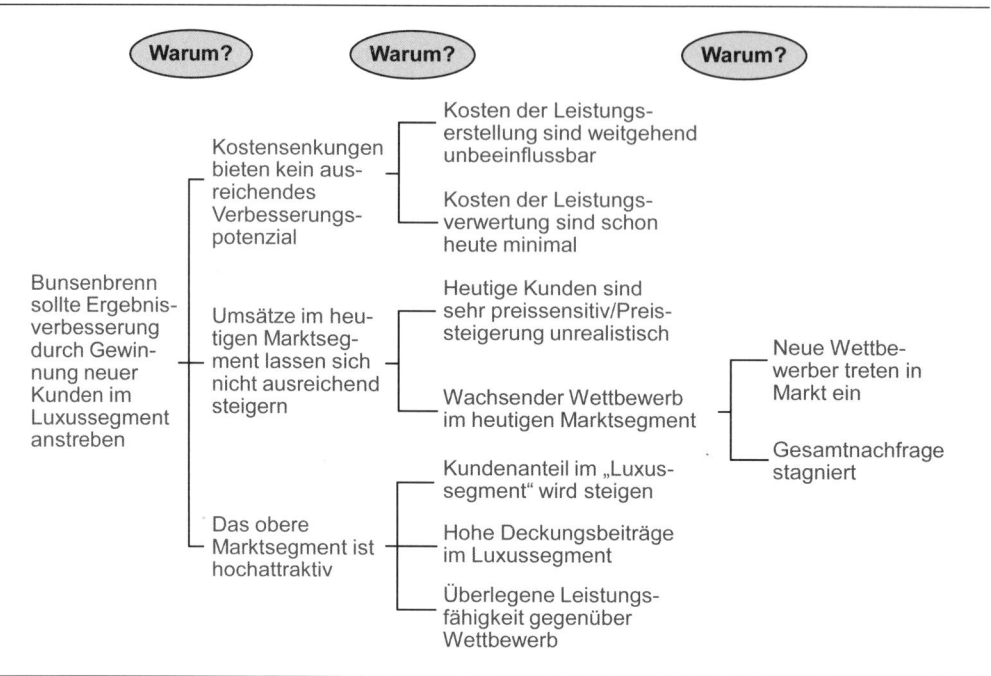

Abbildung 3.8: *Beispiel eines Hypothesenbaums*

In unserem Beispiel könnte z. B. die Ausgangshypothese des Problemlösungsteams lauten: „Die Firma Bunsenbrenn sollte die Ergebnisverbesserung durch Gewinnung neuer Kunden im Luxussegment anstreben!" Zu dieser Hypothese kann das Team natürlich nur dann kommen, wenn es schon über gewisse Erfahrungen und Vorkenntnisse bezüglich des Problems und seiner möglichen Ursachen verfügt. (Wäre dies nicht der Fall, so ist dem Team eher die Verwendung eines deduktiven Logikbaums zu empfehlen.) Von dieser Hypothese ausgehend erfolgt eine Problemstrukturierung, indem auf der nächsten Ebene nach möglichen Begründungen für die Ausgangshypothese gefragt wird („Warum"). Auch hier gilt die Anforderung der „MECE-ness" – das heißt, die angeführten Begründungen müssen überschneidungsfrei und vollständig sein. Dies ist immer nur dann erfüllt, wenn auf jeder Ebene der Problemstruktur Begründungen angeführt werden, die einerseits alle positiven Argumente abdecken – jene Argumente, auf denen sich die Hypothese abstützt –; andererseits müssen aber auch die denkbaren negativen Argumente angesprochen werden, um alle anderen als die in der Ausgangshypothese angesprochenen Lösungsmöglichkeiten logisch auszuschließen. In Abbildung 3.8 lässt sich dies z. B. anhand der ersten Begründungsebene nachvollziehen, auf der nicht nur argumentiert wird, dass „das Luxussegment hochattraktiv" sei, sondern gleichzeitig (negative) Begründungen für die anderen logisch abgrenzbaren Alternativen („Kostensenkungen" bzw. „Umsatzsteigerungen in anderen Marktsegmenten") angeführt werden.

Anders als bei einer Problemstrukturierung mittels eines deduktiven Baums wird bei der Entwicklung eines Hypothesenbaums nicht das ganze Problem vollständig erfasst und in Teilprobleme aufgespaltet, sondern jeweils nur der Teilaspekt des Problems angesprochen, der unmittelbar in Beziehung zur jeweils übergeordneten Hypothese steht. Ein Hypothesenbaum als Instrument der Problemstrukturierung ist daher nicht in der Weise vollständig, wie es ein deduktiver Baum ist. Ein Hypothesenbaum ist jedoch in weit stärkerem Maße als ein deduktiver Baum mit der (anschließenden) Analyse von Problemen und der Suche nach Lösungsmöglichkeiten verknüpft. So muss auf jeder Strukturierungsebene nicht nur eine logische Struktur von (Teil-)Hypothesen entwickelt werden, sondern es muss zugleich darüber nachgedacht werden, wie – mit welchen Analysen – sich die Aussagen auf einer Ebene bestätigen oder widerlegen lassen. Hypothesenorientiertes Vorgehen heißt also zugleich, fokussierter in Richtung der Problemanalyse vorzugehen.

Ein Hypothesenbaum sollte daher nur in einer ganz bestimmten Problemsituation entwickelt und zur Problemstrukturierung eingesetzt werden – dann, wenn das Problemlösungsteam bereits über weitreichende Kenntnisse und Erfahrungen bezüglich der Problemlandschaft verfügt. Dies ist z. B. dann der Fall, wenn im Team ausgewiesene „Problemexperten" vertreten sind. Verfügt das Team nicht über spezielle Problemkenntnisse oder -erfahrungen, sollte unbedingt ein deduktiver Baum zur Problemstrukturierung verwendet werden, um voreilige Schlussfolgerungen zu vermeiden. Überhaupt muss bei jeder Form der Hypothesenorientierung vor „Schnellschüssen" und vorgefassten Meinungen gewarnt werden: Hypothesenorientiertes Vorgehen ist nur dann zulässig, wenn die Problemlöser den Ergebnissen einer späteren Analyse ihrer Hypothesen neutral gegenüberstehen. Hypothesen können nämlich durch Analysen nicht nur bestätigt, sondern auch widerlegt werden. Ist diese Neutralität gesichert, so wird durch eine Problemstrukturierung mithilfe eines Hypothesenbaums nicht die spätere Lösung determiniert, wie es zunächst aussehen mag, sondern nur der Analyseweg des Problemlösungsteams.

(3)   Fragenbaum

Der am schwierigsten anzuwendende Logikbaum zur Problemstrukturierung ist der so genannte Fragenbaum. Er enthält keine Teilprobleme oder Hypothesen, sondern einzelne problemrelevante Fragen, die jeweils mit „ja" oder „nein" beantwortet werden können. Aufgabe der Problemstrukturierung ist es, diese Fragen in eine logische Reihenfolge zu bringen (Abbildung 3.9). Auf diesem Weg wird nicht nur das Problem strukturiert, sondern es wird zugleich aufgezeigt, unter welchen Bedingungen einzelne Teillösungen des Problems sinnvoll sein können. Hierdurch wird die spätere Problemlösung bereits stark vorgeprägt. Ein Fragenbaum kann daher nur von einem Problemlösungsteam entwickelt werden, das ein besonders hohes Problemverständnis für das jeweilige Untersuchungsgebiet hat und somit vielfältige Ideen über mögliche konkrete Ansatzpunkte entwickeln kann.

Die Erstellung eines Fragenbaums ist eine ausgesprochen schwierige Aufgabe. Sie erfolgt sinnvollerweise in vier Teilschritten:

- **Definition der Kernfrage**

Als erster Schritt ist die am Anfang des Fragenbaums (links) stehende Kernfrage zu bestimmen. Dies ist, wie das Beispiel in Abbildung 3.9 zeigt, nur möglich, wenn ein hohes Problemverständnis vorhanden ist, da die Kernfrage so präzise formuliert werden muss, dass ein nur durchschnittlich oder gar unzureichend vorinformiertes Problemlösungsteam hierzu gar nicht in der Lage wäre. In jedem Fall ist eine geschlossene Frage an den Anfang zu stellen (also eine Frage, die nur mit „ja" oder „nein" zu beantworten ist); offene Fragen oder bloße Feststellungen von Sachverhalten sind ungeeignet.

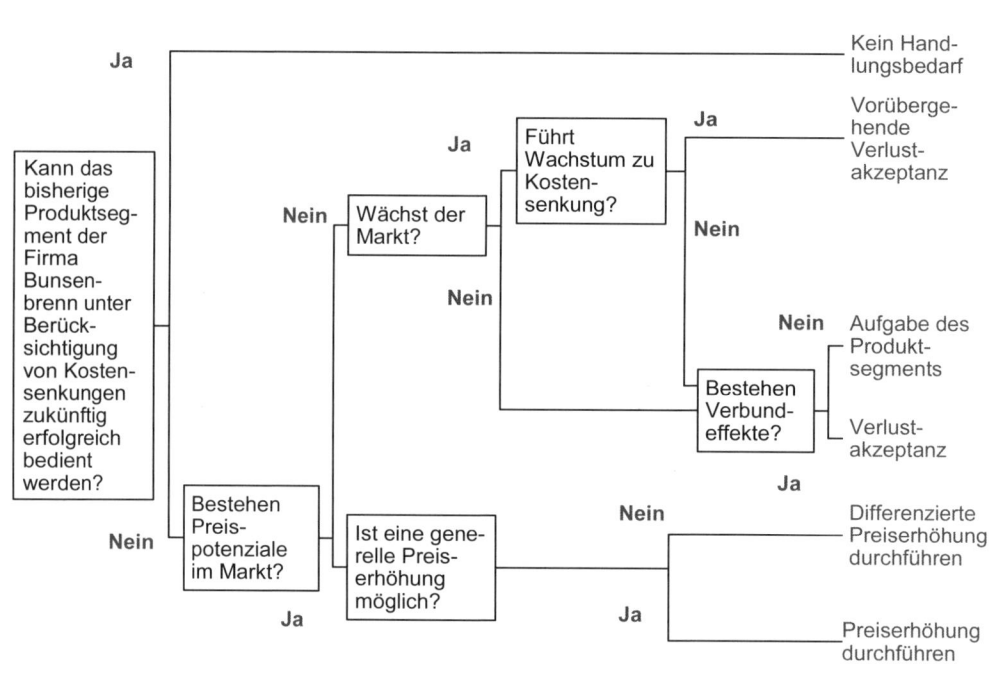

Abbildung 3.9: *Beispiel eines Fragenbaums*

- **Ermittlung der Handlungsoptionen**

Handlungsoptionen sind die Maßnahmen, die auf der Basis des vorhandenen (hohen) Problemverständnisses prinzipiell für möglich gehalten werden. Sie sind am Ende des Fragenbaums (rechts) anzuordnen. Handlungsoptionen können Einzelmaßnahmen oder Maßnahmenbündel sein, die wiederum „MECE" sein müssen. Meist wird es so sein, dass ein erfahrenes Problemlösungsteam eine Vielzahl von Optionen ad hoc generieren kann; weitere Optionen können dann iterativ bei der Strukturierung der Entscheidungsebenen des Fragenbaums entwickelt werden.

- **Erarbeitung der Entscheidungsebenen**

Zwischen der Kernfrage und den Handlungsoptionen sind stufenweise die speziellen Fragen zu entwickeln und anzuordnen, deren Beantwortung (mit „ja" oder „nein") schließlich zu den verschiedenen Handlungsoptionen führt. Diese Fragen in eine logische Struktur zu bringen, ist die eigentliche Schwierigkeit eines Fragenbaums. Dabei ist vor allem darauf zu achten, dass Fragen, die grundsätzliche Entscheidungsrichtungen trennen, tendenziell in einer vorderen Strukturebene (weiter links) angeordnet werden. Zum Beispiel ist eine Frage wie „Können Kosten gesenkt werden?" in einem Projekt, das zum Ziel hat, das Unternehmensergebnis zu verbessern, besonders grundsätzlich, da durch eine negative Antwort eine große Anzahl von Lösungsmöglichkeiten ausgeschlossen wird.

- **Ableitung von Analysen**

Der Fragenbaum ist besonders eng mit der Problemanalyse und der Suche nach Lösungsmöglichkeiten verknüpft. Unmittelbar im Zusammenhang mit der Erstellung des Baums sind daher auch die Analysen abzuleiten, die notwendig sind, um die Fragen auf den einzelnen Entscheidungsebenen beantworten zu können.

Alle drei Typen von Logikbäumen können wirkungsvolle Hilfsmittel sein, um eine zielführende Problemstruktur zu erarbeiten. Um das eigene Problemlösungsteam nicht in die Irre zu führen, ist bei der Wahl des Logikbaums jedoch stets die **Ausgangslage im Team** zu beachten (Abbildung 3.10). Handelt es sich um ein Problemlösungsteam, das die untersuchte Branche und das untersuchte Problem gut kennt, können die Strukturierungstypen eingesetzt werden, welche die Problemstrukturierung und die Problemanalyse stärker verknüpfen bzw. fokussieren. Dies sind der Hypothesenbaum und noch stärker der Fragenbaum. Sind Branche und/oder Problemstellung für das Team unbekannt, ist in jedem Fall ein deduktiver Logikbaum empfehlenswert, da nur so sichergestellt werden kann, dass die Problemlandschaft vollständig abgebildet wird. In unserem Beispiel von Fred Klabuster und seinem Team, das offensichtlich am Anfang seiner Projektarbeit das Problem und dessen Zusammenhänge nur sehr unvollständig einschätzen konnte, wäre daher unbedingt eine Problemstrukturierung mithilfe eines deduktiven Baums angezeigt gewesen.

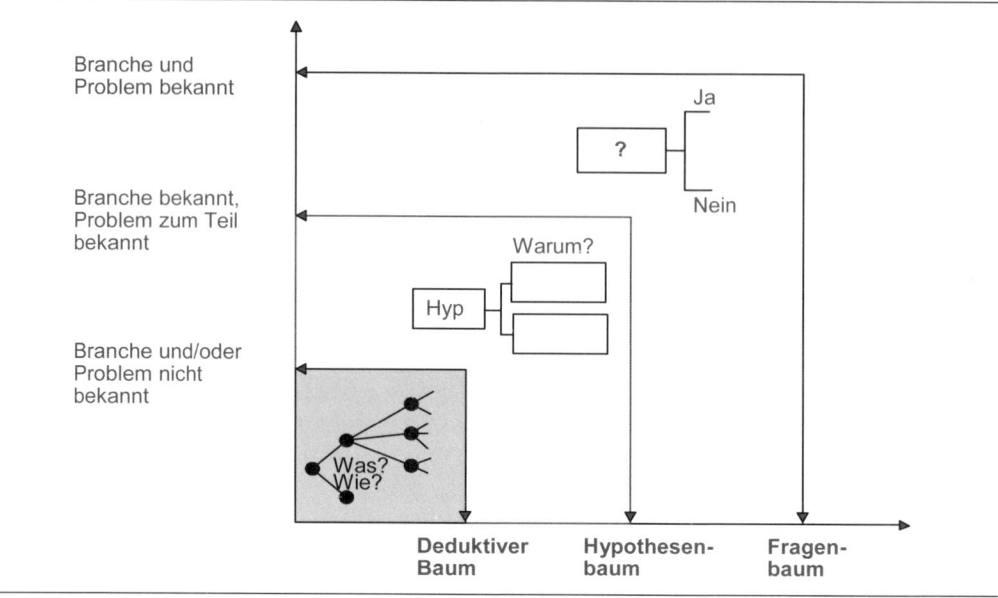

Abbildung 3.10: *Anwendungsbedingungen der Logikbäume*

Ein Wort der Warnung zum Schluss: So unerlässlich eine systematische Problemstrukturierung für die spätere Analysearbeit eines Problemlösungsteams ist, so wichtig ist es zugleich, die Problemstrukturierung nicht als Selbstzweck zu betrachten. Ein Team sollte sich deshalb selbst „disziplinieren", indem es sich immer wieder fragt, ob es bei der Problemstrukturierung noch die so genannte **„80:20-Regel"** einhält: Erfahrungsgemäß kann nämlich auch bei der Problemstrukturierung ein relativ hoher Nutzen für die weitere Problembearbeitung (z. B. 80 %) bereits mit einem vergleichsweise geringen Aufwand (z. B. 20 %) erreicht werden, während die letzten 20 % Nutzen meist einen mit 80 % weit überproportional hohen Arbeitsaufwand erfordern (Abbildung 3.11).

Der Erfolg der Problemstrukturierung liegt nicht darin, dass die Struktur bis in die letzten Verästelungen perfekt ist. Viel wichtiger ist es, Problemebenen logisch zu hierarchisieren, konsistente Beziehungen zwischen den einzelnen Ebenen sicherzustellen, Lücken und Überlappungen zu vermeiden („MECE" zu sein) und insgesamt das Schwergewicht der Betrachtung auf die Hauptansatzpunkte des Problems zu lenken. Anders ausgedrückt: Logikbäume müssen am Anfang der Problemstrukturierung nur bis zu einem gewissen Reifegrad ausgearbeitet werden, dann aber sind sie als Hilfsmittel für die weitere Problembearbeitung iterativ weiterzuentwickeln. Vollständig abgeschlossen werden sie wahrscheinlich nie sein.

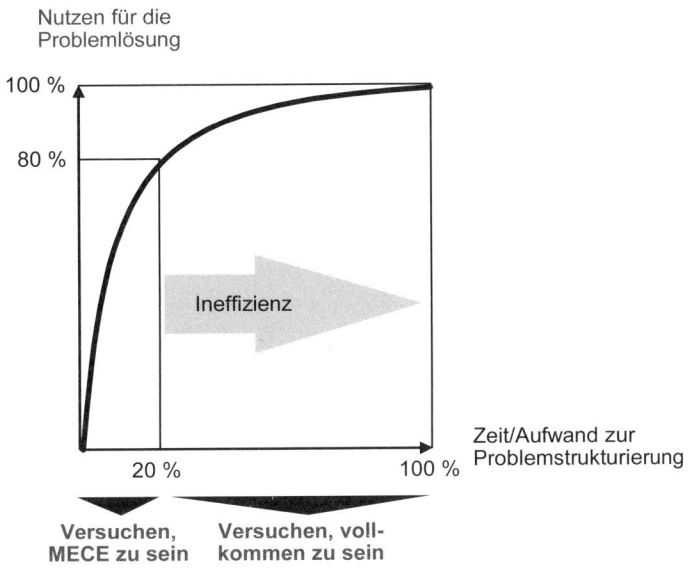

Abbildung 3.11: *„80:20-Regel" der Problemstrukturierung*

3.3 Problemstrukturierung mithilfe von System Dynamics

Wie oben dargestellt, ist die Strukturierung eines Problems in kleinere Teilprobleme sehr hilfreich, wenn komplexe und neuartige Probleme zu lösen sind. Allerdings ist es in manchen Fällen sinnvoll, die bisher dargestellte Problemstrukturierung mithilfe von Logikbäumen zu ergänzen. Mit ihr lässt sich nämlich nur abbilden, aus welchen Einzelteilen sich ein Problem bzw. eine Problemlösung zusammensetzt. Wie diese Einzelteile miteinander in Beziehung stehen – genauer: wie sie sich untereinander beeinflussen – wird hierdurch allerdings nicht sichtbar.

Genau an dieser Stelle setzt der **System Dynamics Ansatz** (im Deutschen auch dynamische Systemtheorie genannt) an. Er ist maßgeblich von Jay Wright Forrester entwickelt worden, der am Massachusetts Institute of Technology – M.I.T. bereits 1956 die System Dynamics Group gründete und den System Dynamics Ansatz in zahlreichen Veröffentlichungen bekannt machte[2].

---

[2] Vgl. Forrester, J. (1961) und Forrester, J. (1975).

Wie der Name des Ansatzes erkennen lässt, besteht die Grundidee des System Dynamics darin, dass es in einem System (z.B. einer Gesellschaft, einer Population und natürlich auch in Wirtschaft und Unternehmen) immer dynamische Beziehungen zwischen den Elementen des Systems gibt – die Elemente sich also wechselseitig beeinflussen können. Diese Wechselwirkungen gilt es zu verstehen, wenn in das System eingegriffen werden soll.

Was passiert, wenn diese Wechselwirkungen nicht berücksichtigt werden, hat Peter Senge – ein anderer maßgeblicher Vertreter des System Dynamics Ansatzes – mithilfe eines Beispiels aus der Zeit des so genannten Kalten Krieges beschrieben (Abbildung 3.12)[3]. Wie sich zumindest die Älteren noch erinnern, war diese Zeit durch ein ausgeprägtes Wettrüsten zwischen den USA (der NATO) und der UdSSR (dem Warschauer Pakt) geprägt. Dass dieses Wettrüsten in Gang kam, lag unter anderem daran, dass beide Seiten die Auswirkungen ihres Handelns auf den jeweils anderen nicht ausreichend berücksichtigten – also keine dynamische Sicht auf das Problem hatten.

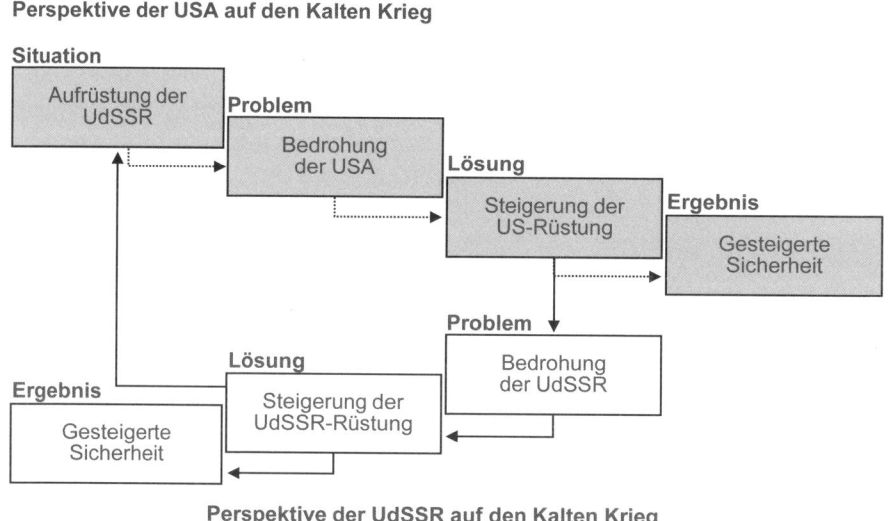

Abbildung 3.12: *Lineares und dynamisches Denken im Kalten Krieg*

Aus Sicht der USA wurde so die Aufrüstung in der UdSSR als eine existenzielle Bedrohung ihrer eigenen Sicherheit wahrgenommen. Dieses Problem lösten sie mit militärischer Aufrüstung, unter anderem durch Atomwaffen, und zwar in der Hoffnung, durch Rüstungsanstrengungen die eigene Sicherheit zu steigern. Wie Senge erklärt, missachteten die Amerikaner

---

[3]   Vgl. Senge (2006), S. 70 ff.

dabei jedoch die Auswirkungen ihres Handelns auf die andere Partei – also die Dynamik der Beziehung. Durch die Aufrüstung der Amerikaner sah sich nämlich ihrerseits die sowjetische Seite in ihrer Existenz bedroht. Genauso wie die Amerikaner lösten die Sowjets das Problem mit einem Mehr an Rüstung. Diese Aufrüstung löste wiederum bei den Amerikanern Ängste aus, die daraufhin ihr Waffenarsenal weiter aufstockten – das Wettrüsten setzte sich fort.

Man sieht also, dass die Problemlösung beider Seiten, die aus linearem Denken resultierte, das Problem jeweils nur kurzfristig löste und die (gefühlte) eigene Sicherheit steigerte, auf lange Sicht hingegen das Problem aber eher noch verschärfte.

Ein anderes Beispiel zeigt, dass lineares Denken auch in wirtschaftlichen Zusammenhängen oft nicht zur Problemlösung führt. Nehmen wir einmal das Beispiel eines Unternehmens, das aus Kostengründen mit seiner aktuellen Kapazitätsauslastung unzufrieden ist (Abbildung 3.13). Eine Lösung des Problems könnte darin bestehen, die Preise der eigenen Produkte zu senken (1), um relativ zur Konkurrenz attraktiver zu werden. Hiervon verspricht man sich steigende Verkaufszahlen (2), damit ginge die Produktion nach oben (3) und die Kapazitätsauslastung würde sich verbessern (4).

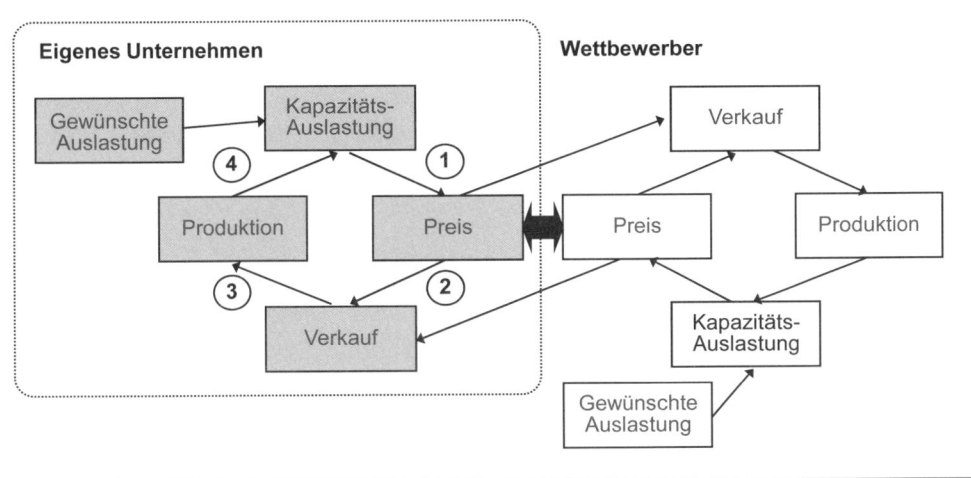

Abbildung 3.13: *Systemperspektive auf Preisreduktion zur Steigerung der Auslastung*

Es ist aber mehr als zweifelhaft, dass dieser Effekt tatsächlich eintritt, denn die Preissenkung des Unternehmens ist ja nicht ohne Auswirkung auf die Situation seiner Wettbewerber. Aus deren Sicht bedroht die Preissenkung eines Konkurrenten die eigene (relative) Wettbewerbsposition: Verkauf, Produktion und Kapazitätsauslastung drohen zu sinken. Wenn man davon ausgeht, dass Wettbewerber einer Branche nach ähnlichen Zielen (wie z.B. Kapazitätsauslastung) streben, werden folglich auch die Entscheidungsträger der Wettbewerber beschließen, die Preise zu senken, um ihr Geschäft zu stabilisieren. Ein Preiskrieg beginnt, der die Attraktivität der ganzen Branche gefährden kann – und nur deswegen ausgelöst wurde, weil die Unternehmen linear denken und die Auswirkungen ihrer Handlungen auf andere Unternehmen nicht berücksichtigen. Hätten die Unternehmen dynamisch gedacht, wären sie möglicherweise zu anderen Problemlösungen gekommen.

Wie diese Beispiele verdeutlichen, besteht der Grundgedanke des System Dynamics also darin, Beziehungen zwischen den Elementen eines Systems zu identifizieren, um hierauf aufbauend Problemlösungen zu entwickeln, die auch unter Berücksichtigung der bestehenden Rückkoppelungen zwischen den Elementen sinnvoll sind. Dabei können zwei grundlegende **Arten von Rückkoppelungen** unterschieden werden

*   **Verstärkende Rückkoppelung**

Eine verstärkende Rückkoppelung ist eine Beziehung zwischen Variablen, die dazu führt, dass sich zwei (oder mehrere) Variablen immer in die gleiche Richtung entwickeln. Infolge dieser Rückkoppelung entsteht ein selbstverstärkender Prozess – in positive oder negative Richtung. So führt zum Beispiel eine gute Produktqualität tendenziell zu zufriedenen Kunden. Wenn die Kunden zufrieden sind, wächst die Nachfrage, wodurch mehr finanzielle Mittel zur weiteren Verbesserung der Produkte zur Verfügung stehen, somit die Produktqualität gesteigert werden kann, was noch mehr zufriedene Kunden schafft, die mehr nachfragen – und so weiter. Andersherum führen schlechte Produkte zu unzufriedenen Kunden, zu sinkender Nachfrage, etc. Einen Hinweis darauf, dass eine verstärkende Rückkoppelungsbeziehung zwischen bestimmten Variablen vorliegt, geben dementsprechend sich beschleunigende Wachstums- oder Schrumpfungsprozesse, z. B. exponentielle Wachstumsraten in einer Branche oder auch einer Population.

*   **Ausgleichende Rückkoppelung**

Eine ausgleichende Rückkoppelung ist eine Beziehung zwischen verschiedenen Variablen, bei der eine positive Entwicklung der einen Variablen die Entwicklung der anderen Variablen abbremst – und umgekehrt. In diesem Falle werden Wachstums- oder Schrumpfungsprozesse nicht beschleunigt, sondern durch bestimmte Einflüsse abgebremst und ein solches System tendiert immer zu einer Art Gleichgewicht. Als Konsequenz kehrt das System immer zum Status Quo zurück, auch wenn Veränderungen gewollt sind. So kann es beispielsweise sein, dass die Innovationsfähigkeit eines Unternehmens trotz wachsender Investitionen in Forschung und Entwicklung (FuE) nicht steigt, weil mit den Investitionen auch die Anzahl der FuE-Projekte und damit die Managementkomplexität im FuE-Bereich wächst, wodurch weniger Zeit für das eigentliche Innovieren bleibt. So würde letztlich trotz steigender Mittel die Innovationsfähigkeit auf dem Ausgangsniveau verharren.

Die Dynamik eines Systems entsteht also dadurch, dass es verstärkende und ausgleichende Rückkoppelungsbeziehungen zwischen Variablen gibt, die in unterschiedlicher Form miteinander verknüpft sein können. Es ist nicht immer einfach, diese Rückkoppelungen sofort zu identifizieren, weil in der Interaktion **Verzögerungen** auftreten können – dann würden die Auswirkungen der Veränderung einer Variablen auf die andere also erst nach einer gewissen Zeit sichtbar werden.

So ist etwa im oben genannten Beispiel (Steigerung der Innovationsfähigkeit durch mehr finanzielle Mittel) zu vermuten, dass sich der Anstieg der Managementkomplexität erst nach einer gewissen Zeit negativ auf die Innovationsfähigkeit des Unternehmens auswirkt: Bei anfänglichen Steigerungen der FuE-Investitionen dürfte die Managementkomplexität zunächst noch beherrschbar sein und erst ab einem gewissen Niveau – und das heißt mit einer gewissen Verzögerung – beginnen, die Innovationstätigkeit zu behindern. Hierdurch wird es für das Unternehmen schwerer zu erkennen, dass die nachlassende Innovationsfähigkeit nicht mithilfe zusätzlicher Investitionen korrigiert werden kann, denn anfänglich hatte das Investieren in FuE ja noch zum gewünschten Ergebnis geführt. Damit wird sichtbar, dass Verzögerungen es schwer machen, die Auswirkungen von Maßnahmen zu erkennen. Gerade deshalb können sie entscheidend für die Entstehung und auch die Lösung eines Problems sein.

Selbst komplizierte Zusammenhänge lassen sich in einem **System Dynamics Modell** durch diese drei fundamentalen Komponenten – verstärkende Rückkoppelungen, ausgleichende Rückkoppelungen und Verzögerungen – beschreiben. Um solche Modelle anschaulich darzustellen, verwendet man meist **Kreislaufdiagramme** (Abbildung 3.14) die sich aus vier Elementen zusammensetzen:

(1) Die **Variablen** des Modells,

(2) Pfeile, welche die Existenz und die Richtung des **kausalen Bezugs** darstellen,

(3) **Vorzeichen**, die angeben, ob eine Variable verstärkend oder abschwächend auf eine andere Variable wirkt und

(4) **Querstriche**, die eine gegebenenfalls bestehende Verzögerung darstellen.

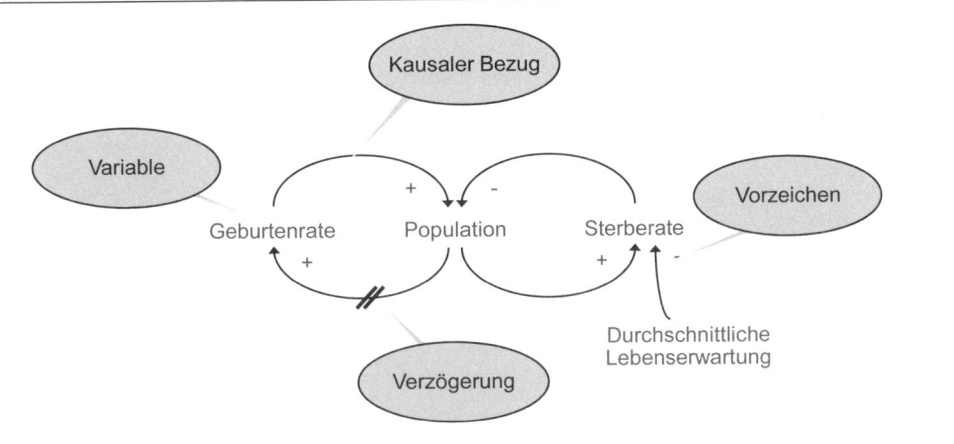

Abbildung 3.14: *Beispiel eines Kreislaufdiagramms*

Mit solchen Kreislaufdiagrammen lassen sich sehr einfache Systeme (siehe Abbildung 3.14), aber auch sehr komplexe Systeme in ihren Beziehungen darstellen. So wird letztlich sichtbar gemacht, was die Konsequenzen einzelner Lösungsansätze sind und ob sich damit ein für ein bestimmtes System erkanntes Problem eigentlich lösen lässt. Abbildung 3.15 zeigt dies am Beispiel eines etwas komplexeren Problems: der Frage, wie Staus im Straßenverkehr eines Ballungsraums vermieden werden können.

Die intuitiv naheliegende Lösung für dieses Problem besteht darin, durch den Bau von immer mehr Straßen Engpässe zu beseitigen und damit Staus zu verringern. Bedenkt man aber die Wechselwirkungen zwischen den Elementen des Systems, so sieht man, dass der Bau von immer mehr Straßen langfristig nicht zur Auflösung von Staus führt. Im Gegenteil: negative, sich verstärkende Rückkoppelungen führen dazu, dass das Verkehrsvolumen immer dann ansteigt, wenn Straßen neu gebaut werden. Dies gilt selbst dann, wenn man den öffentlichen Nahverkehr mit in die Systembetrachtung einbezieht.

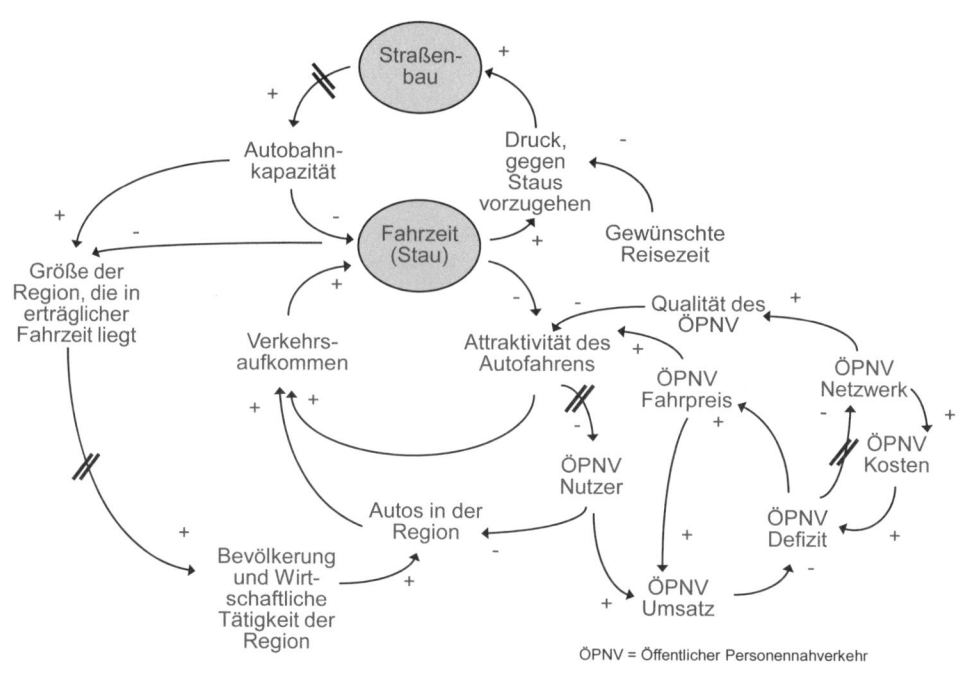

Abbildung 3.15: *Kreislaufdiagramm für das Problem „Stau"*

Beispielsweise führt der Straßenbau zeitverzögert zu einer höheren Autobahnkapazität. Dadurch verringert sich zunächst auch die Häufigkeit von Staus und damit die Fahrzeit. Allerdings wird durch die verringerte Fahrzeit das Autofahren deutlich attraktiver und die Zahl derer, die den öffentlichen Personennahverkehr (ÖPNV) benutzen, sinkt. Dadurch steigt wiederum die Anzahl der genutzten Autos in der Region, das Verkehrsaufkommen wird größer und letztlich kommt es wieder vermehrt zu Staus auf den Autobahnen. Noch verheerender: Da die Zahl der ÖPNV Nutzer sinkt, verringert sich auch der Umsatz der öffentlichen Verkehrsmittel. Dies kann zeitverzögert dazu führen, dass das ÖPNV Netzwerk verkleinert wird, womit der ÖPNV noch weniger attraktiv wird und damit die relative Attraktivität des Autofahrens weiter steigt. Fasst man alle in dem Kreislaufdiagramm abgebildeten Effekte zusammen, so wird sichtbar, dass der Ausbau von Autobahnen und anderen Straßen das Stauproblem nicht löst.

Seit seiner Einführung hat sich das System Dynamics Konzept zu einem wichtigen Instrument für die Vorhersage komplexer Phänomene entwickelt[4]. Bereits Jay Forrester nutzte System Dynamics, um zusammen mit dem „Club of Rome" ein Modell des globalen sozioökonomischen Systems zu erstellen und damit die Auswirkungen von Entwicklungen, wie der Bevölkerungsexplosion oder der Ausbeutung fossiler Energiequellen, vorherzusagen. Und auch heute wird System Dynamics verwendet, um komplexe dynamische Systeme zu verstehen, diese mithilfe von Computerprogrammen zu simulieren und damit Entscheidungsträger in Regierungen und Organisationen bei der Entwicklung und Bewertung von Lösungsalternativen zu unterstützen.

Aber auch in den Problemlösungsprozessen in Unternehmen, die uns hier vorrangig interessieren, kann das System Dynamics einen wichtigen Beitrag zu einem besseren Problemverständnis und einer sinnvolleren Problemlösung leisten. Hierfür sind – nach der Problemidentifikation – vor allem drei Teilschritte von Bedeutung.

In einem **ersten Teilschritt** geht es darum, vermutete Zusammenhänge zwischen den Variablen eines Problems zu identifizieren, indem nach „Gesetzmäßigkeiten" (oder Mustern) im Problemumfeld gesucht wird. Hierzu ist es hilfreich, die Zeit vor der Entstehung des Problems zu betrachten und sich zu fragen: „Wie ist das Problem zustande gekommen? Wie haben wir das Problem geschaffen?" Dabei gilt es dann vor allem, solche Beobachtungen herauszufiltern, die sich konsistent durch die gesamt Zeitspanne hindurch ziehen, wie z. B. „Immer wenn wir neue Kunden gewonnen hatten, verlängerten sich unsere Auslieferungszeiten", oder „Immer wenn unsere Verkaufszahlen sanken, sank gleichzeitig auch die Qualität unseres Services". Darauf aufbauend können dann Hypothesen entwickelt werden, welche die beobachteten Muster erklären. Beispielsweise wäre eine Hypothese: „Immer wenn unsere Verkaufszahlen sinken, fokussieren wir uns besonders darauf, die Verkaufszahlen wieder zu steigern. Dies hat zur Folge, dass wir weniger Personal und Aufmerksamkeit für den Kundenservice zur Verfügung stellen."

Das Ziel des **zweiten Teilschritts** liegt dann darin, die beobachteten Muster systematisch in einem Kreislaufmodell abzubilden. Wie oben erläutert, liegt dabei die Kunst vor allem darin, die zentralen Variablen und die Effekte zwischen den Variablen herauszufiltern und übersichtlich darzustellen. Dies funktioniert in den seltensten Fällen beim ersten Mal. Häufig liegt aber gerade in der Überarbeitung und Weiterentwicklung des Modells der besondere

---

[4] Vgl. Sterman, J. (2001).

Nutzen des System Dynamics Ansatzes, da sich in dieser Phase des Nachdenkens und Konzeptualisierens das Verständnis des Problems und der dynamischen Zusammenhänge, in die es eingebettet ist, besonders gut entwickeln kann.

Im **dritten Teilschritt** ist es dann möglich, über Lösungsalternativen nachzudenken. Hier sind Fragen zu stellen wie: „Wo sind Interventionen in das System besonders viel versprechend? Welche Einflüsse haben diese Eingriffe in das System, kurz-, mittel-, und auch langfristig? Können wir diese Effekte kontrollieren und, wenn ja, wie?"

Auf diesem Wege kann das System Dynamics dazu beitragen, dass ein Problemlösungsteam die Wechselwirkungen zwischen den Problemkomponenten besser versteht und auch die Auswirkungen möglicher Maßnahmen besser beurteilen kann. Beides sollte die Qualität der entwickelten Problemlösung deutlich steigern.

4   Probleme analysieren

4.1   Ausrichtung und Planung der Problemanalyse

„Wie bekommen wir so etwas eigentlich heraus?"

Fred und sein Team waren trotz ihrer anfänglichen Verwirrung mit allem Einsatz dabei, nach einer neuen Strategie für ihr Unternehmen zu suchen.

„Als erstes müssen wir mal eine Stärken-/Schwächen-Analyse machen, das ist immer der erste Schritt, wenn man eine Strategie entwickelt", so der Herr Projektleiter. „Jawohl", warf Frau Warm ein, „und eine Portfolio-Analyse, die gehört auch dazu." „Und eine Lebenszyklus-Analyse, die ist bestimmt auch wichtig", ergänzte ihr Kollege Theodor. Je länger die Projektgruppe nachdachte, desto mehr Untersuchungsmethoden kamen zum Vorschein: Cash-Flow- und ROI-Analyse, Szenario-Technik und Forecasting-System, Fähigkeits- und Nutzwertanalyse und vieles mehr.

„Und dann müssten wir noch herausfinden, ob die Marktsegmente, in denen wir unsere Produkte anbieten, eigentlich langfristig attraktiv sind", meinte Fred. „Aber wie? Wie bekommen wir so etwas eigentlich heraus?" Irgendwie, so stellten die Problemlöser fest, eignete sich nämlich keine der vielen Techniken, die ihnen bisher in Erinnerung gekommen waren, unmittelbar dazu, diese und andere Fragen zu beantworten, die sie eigentlich interessierten. Also experimentierten sie, probierten dies und jenes und vergaßen über ihrer schönen Untersuchung vollständig, dass die Zeit immer weiter voranschritt, ohne dass sie zu Ergebnissen kamen. „Langsam müssen wir mal zu Potte kommen", meinte Fred, nachdem schon fast vier Monate ins Land gezogen waren: „So schwer kann es doch nicht sein, unsere Probleme zu analysieren und gute Ideen für eine neue Strategie zu entwickeln."

Leider ist es doch nicht so einfach, gute Ideen zu entwickeln. Aber Fred und seine Projektgruppe haben sich das Leben auch unnötig schwer gemacht. Wieder einmal sind sie ein gutes
Beispiel für die Fehler, die man bei der Problemanalyse und der Suche nach Lösungsmöglichkeiten machen kann. Was hätten sie anders machen sollen, um zielführend an ihre Problemanalyse heranzugehen?

- **Die Analyse muss von den zu beantwortenden Fragen ausgehen.**

Der häufigste Fehler bei der Problemanalyse besteht darin, dass ein Problemlösungsteam bei
der Analyse von dem ausgeht, was es glaubt zu wissen (die vorhandenen Informationen)
oder glaubt anwenden zu müssen (die bekannten Analysetechniken). Keiner von beiden
Ansätzen ist zweckmäßig, wie auch unser Team um Fred Klabuster erfahren musste. Ausgangspunkt für die Analyse müssen natürlich die Fragen sein, die beantwortet werden sollen – oder anders ausgedrückt: die Antworten, die gesucht werden. Bei einer methodischen
Verknüpfung von Problemstrukturierung und Problemanalyse, wie sie im hier vorgestellten
Problemlösungsprozess angelegt ist, können die gesuchten Antworten unmittelbar aus der
Problemstruktur abgeleitet werden. Vorhandene Informationen und Techniken sind dann nur
soweit interessant, wie sie zur Beantwortung dieser Fragen hilfreich sind. Die gezielte Ausrichtung der Analysearbeiten auf die zu beantwortenden Fragen und die gezielte Nutzung
von Analysetechniken sind Voraussetzung dafür, dass nicht nur analysiert wird, sondern
auch problemrelevante Antworten generiert werden, die ein „so what" beinhalten. Die Gefahr ist groß, sich ansonsten in der Vielzahl betriebswirtschaftlicher Techniken und Hilfsmittel zu verlieren, ohne wirklich lösungsorientierte Informationen zu generieren.

- **Das notwendige Wissen muss „dezentral" erschlossen werden.**

Ein Problemlösungsteam, das glaubt, alles das zu wissen, was für die Problemanalyse und
die spätere Problemlösung notwendig ist, ist unweigerlich zum Scheitern verurteilt. Wissen
ist stets dezentral verteilt – in den Köpfen der unterschiedlichsten Menschen innerhalb und
außerhalb des Unternehmens. Insofern ist Teamarbeit im Problemlösungsprozess ein erster
und unerlässlicher Schritt, um unterschiedliches Wissen für die Problemlösung zu erschließen. Sie allein reicht jedoch nur in den seltensten Fällen aus. Nur wenn es einem Problemlösungsteam gelingt, auch das problemrelevante Wissen zugänglich zu machen, das außerhalb
des Teams verfügbar ist, wird eine wirklich „intelligente" Problemlösung zustande kommen.
Dieser Informationsgewinnung durch Interviews, Workshops, großzahlige Erhebungen oder
die Aufbereitung vorhandener Datenquellen wird allzu oft viel zu wenig Aufmerksamkeit
gewidmet.

Probleme zu analysieren bedeutet, das untersuchte Problem und seine einzelnen Teilaspekte
zu verstehen, Ursachen von Problemen zu erkennen und Antworten zur Lösung erkannter
Probleme zu finden. Die Problemanalyse steht – unbeschadet der Bedeutung der anderen
Problemlösungsaktivitäten – im Mittelpunkt eines jeden Problemlösungsprozesses. In diesem
Buch, in dem es darum geht, eine Methodik zur Problemlösung vorzustellen, kann und soll
natürlich nicht die gesamte Bandbreite möglicher Analysemethoden diskutiert werden.
Vielmehr werden hier nur solche Methoden und Vorgehensweisen behandelt, die unabhängig
von der Art und dem Inhalt der untersuchten Fragestellungen in (nahezu) allen Problemlö-

sungsprozessen relevant sind und zu einer zweckmäßigen Vorgehensweise bei der Problemanalyse beitragen. Darüber hinaus soll am Beispiel ausgewählter betriebswirtschaftlicher Analysetechniken illustriert werden, wie diese (themenspezifischen) Hilfsmittel sinnvoll in einen Problemlösungsprozess eingebunden werden können.

Um zweckmäßig an eine Problemanalyse heranzugehen, sind zunächst die **Analysetätigkeiten in inhaltlicher und zeitlicher Hinsicht zu planen**. Diese Planung sollte auf der zuvor entwickelten Problemstruktur aufbauen (Abbildung 4.1). Die Problemstruktur zeigt die zu untersuchenden inhaltlichen Fragen; weiterhin kann von den in der Struktur abgebildeten Zusammenhängen und Prioritäten auf eine sinnvolle Bearbeitungssequenz der einzelnen Teilfragen geschlossen werden. Ganz wichtig ist die Konzentration auf die wichtigsten der in der Problemstruktur abgebildeten Aspekte der Problemlösung, um eine Verzettelung zu vermeiden. Aspekte mit zunächst geringerer Priorität können später oder gegebenenfalls in einem Nachfolgeprojekt bearbeitet werden. Insofern setzt eine zielorientierte Problemanalyse stets voraus, dass zuvor eine vollständige Problemstrukturierung vorgenommen worden ist.

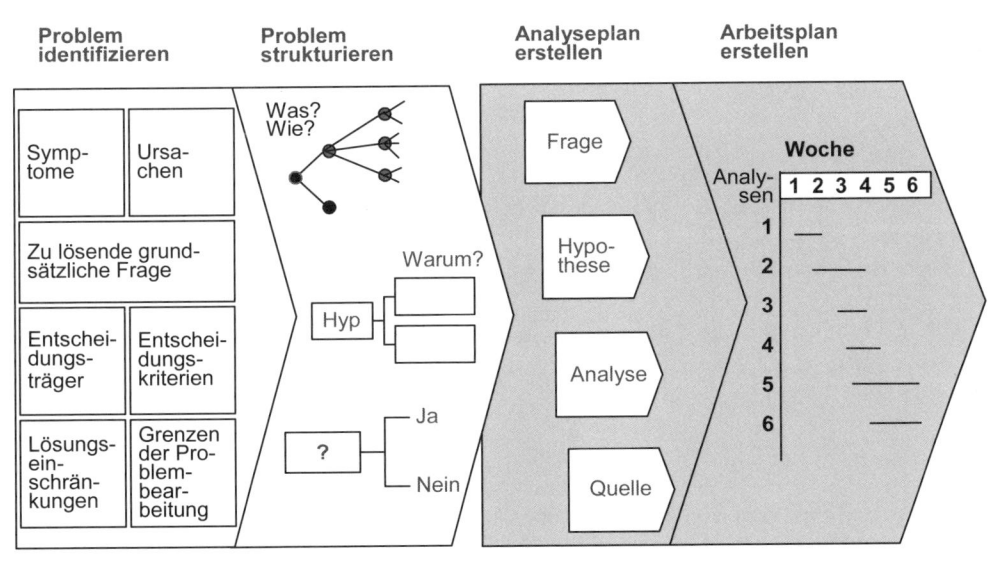

Abbildung 4.1: *Verknüpfung von Problemstruktur und Problemanalyse*

Zur methodischen Verknüpfung von Problemstruktur und Problemanalyse eignet sich ein **Analyseplan**, wie er in Abbildung 4.2 beispielhaft wiedergegeben ist. In diesem Analyseplan wird angegeben, auf welche Weise eine ganz bestimmte Frage durch die Problemanalyse beantwortet werden kann. Ein Analyseplan kann im Team auf der Basis der Problemstruktur erstellt werden und sollte im Einzelnen vier Teilaspekte ansprechen:

- **Frage**

Ausgangspunkt für die Analyseplanung sind einzelne Fragen, die bei der Problemstrukturierung auf den unterschiedlichen Strukturebenen als wichtig erkannt worden sind. Im Prinzip
handelt es sich dabei um zu klärende Fragen, die jeweils mit „ja" oder „nein" beantwortet
werden können und von deren Beantwortung abhängt, ob einzelne Maßnahmen durchgeführt
werden sollen oder nicht. Die in der Problemstruktur aufgeworfenen Fragen können entsprechend ihrer Priorität in den Analyseplan umgesetzt werden; werden alle aufgeworfenen Fragen übernommen, so ist die Vollständigkeit der Problemanalyse gesichert.

- **Hypothese**

Um die Analyse zu fokussieren empfiehlt es sich dann, für jede der zu untersuchenden Fragen eine Hypothese zu entwickeln, die eine Behauptung über die wahrscheinliche Antwort
auf die entsprechende Frage mit einer Begründung für diese Behauptung beinhaltet. Aus der
Begründung lassen sich meist unmittelbar die notwendigen Analysen ableiten, bei deren
Durchführung erkannt wird, ob die gewählte Hypothese zutrifft oder nicht. Auch hier – ähnlich wie bei der Anwendung eines Hypothesenbaums im Rahmen der Problemstrukturierung
– muss das Problemlösungsteam den Ergebnissen der Analyse vollkommen neutral gegenüber stehen. Eine Hypothese beschreibt nicht das gewünschte, sondern nur das als wahrscheinlich eingeschätzte Analyseergebnis.

- **Analyse**

Um Hypothesen zu klären – sie zu bestätigen oder zu widerlegen –, sind die eigentlichen
Problemanalysen durchzuführen. Ziel einzelner Analysen ist es, die für die Hypothesenklä-
rung erforderlichen Informationen zu generieren. Welche Analysen sinnvoll bzw. notwendig
sind, wird meist schon bei der Hypothesenformulierung sichtbar. Bei der Durchführung von
Analysen kommen im Regelfall einzelne betriebswirtschaftliche Methoden und Techniken
zur Anwendung, die der Gewinnung, Aufbereitung oder Interpretation der jeweils benötigten
Informationen dienen.

- **Quelle**

Der letzte Teil der Analyseplanung besteht darin, die Quellen bzw. Mittel aufzuzeigen, aus
denen (bzw. mit denen) die Daten für die Durchführung einzelner Analysen gewonnen werden können. Hierdurch werden die für die konkreten Analysearbeiten notwendigen Aktivitäten weiter durchdacht und vorbereitet.

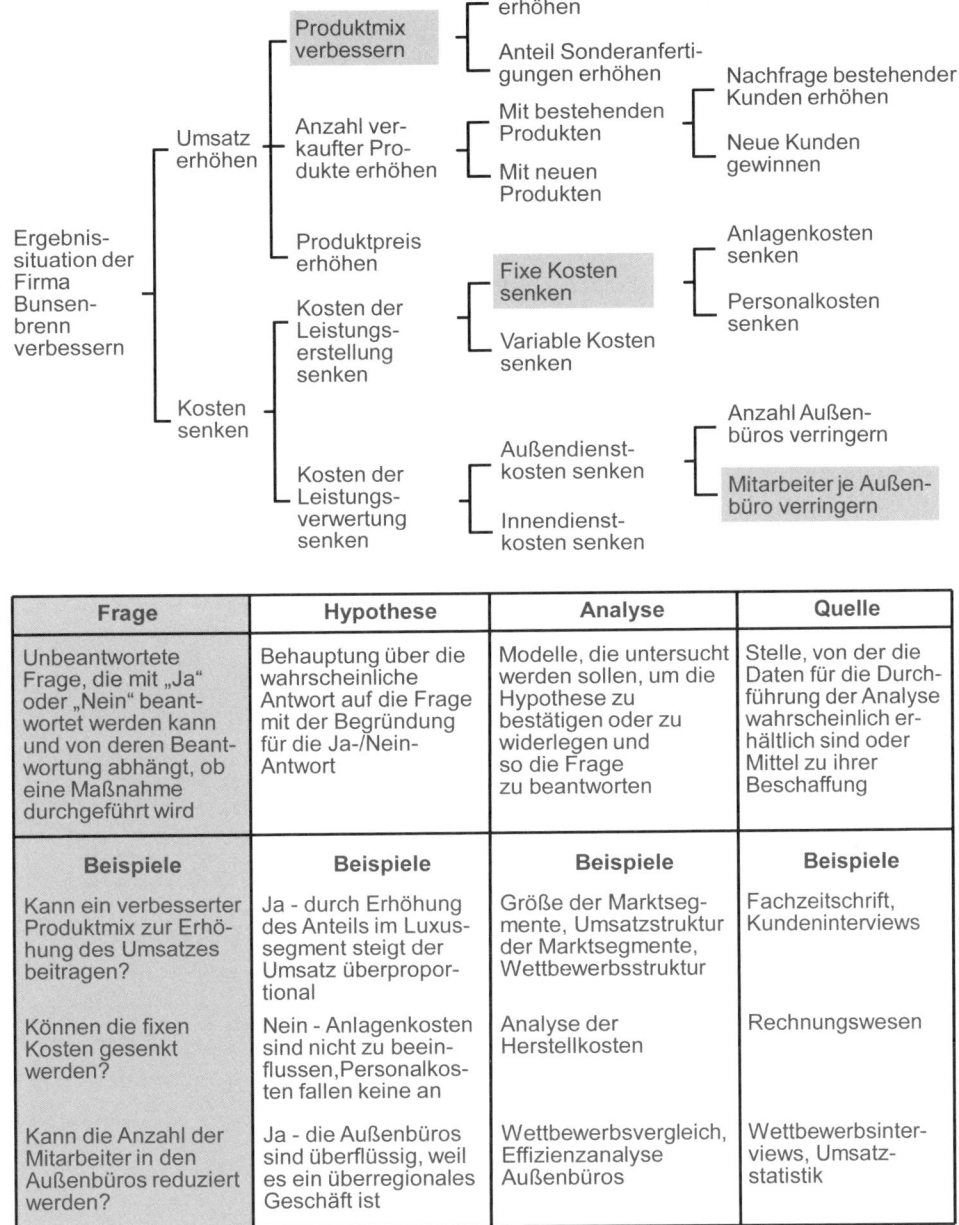

Abbildung 4.2: Vom Hypothesenbaum zum Problemanalyseplan

Ist die Problemanalyse inhaltlich vorbestimmt, geht es im nächsten Schritt darum, Analysetätigkeiten in zeitlicher Hinsicht zu planen und die Verantwortlichkeiten für einzelne Aktivitäten auf die Teammitglieder zu verteilen. Diese **Zeitplanung** baut auf der inhaltlichen Analyseplanung auf. Sie bestimmt im Kern die Reihenfolge, in der einzelne Aktivitäten vollbracht werden sollen; damit legt sie fest, welche Projektaufgaben parallel und welche sequenziell ausgeführt werden. Ganz wichtig ist es, im Rahmen dieser Zeitplanung Meilensteine zu setzen und Zeitpunkte für Zwischenpräsentationen für den Auftraggeber vorzusehen. Damit bildet die Zeitplanung gleichzeitig die Basis für eine relativ gut fundierte Zeit- und auch Kostenschätzung des Projekts und hilft so, spätere Überraschungen zu vermeiden. Gleichzeitig unterstützt die Zeitplanung bei der Identifikation kritischer Projektaktivitäten – solcher Aktivitäten, bei denen eine Verzögerung den Gesamtverlauf des Projekts beeinflusst. Im weiteren Projektverlauf dient die Zeitplanung dann als Basis für die Projektfortschrittskontrolle und ein rechtzeitiges Gegensteuern, wenn etwas aus dem Ruder läuft. Ganz entscheidend für die Einhaltung eines Zeitplans ist dabei, dass für jede Projektaktivität ein Verantwortlicher bestimmt wird, der für die Erfüllung dieser Aufgabe „den Kopf hinhalten muss". Abbildung 4.3 zeigt das Beispiel einer solchen Zeitplanung.

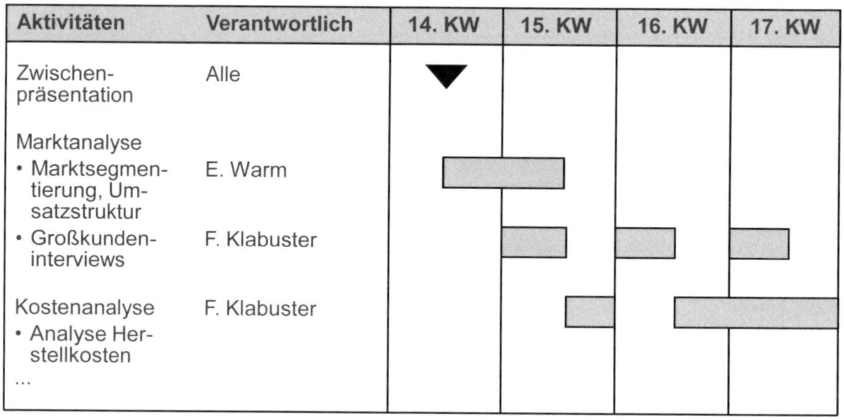

Aktivitäten	Verantwortlich	14. KW	15. KW	16. KW	17. KW
Zwischen- präsentation	Alle	▼			

Marktanalyse
• Marktsegmen-
  tierung, Um-
  satzstruktur
	E. Warm		▬		

• Großkunden- interviews	F. Klabuster			▬	▬
Kostenanalyse • Analyse Her- stellkosten ...	F. Klabuster			▬	

Abbildung 4.3: Beispiel eines Projektzeitplans

4.2 Informationsgewinnung als Grundlage der Problemanalyse

4.2.1 Aufgaben und Ziele der Informationsgewinnung

Aufbauend auf der inhaltlichen und zeitlichen Analyseplanung besteht die nächste Aufgabe eines Problemlösungsteams darin, die für die Problemanalyse notwendigen Daten und Informationen zu erheben, auszuwerten und zu interpretieren. Für alle wichtigen Teilanalysen sollte bereits sehr frühzeitig geprüft werden, ob die benötigten Daten verfügbar, beschaffbar oder entwickelbar sind, damit gegebenenfalls notwendige Aktivitäten zur **Informationsgewinnung** in der Arbeitsplanung des Teams berücksichtigt werden können.

Die Gewinnung der für die Problemlösung relevanten Informationen ist in der Realität mit einer Reihe grundlegender Schwierigkeiten verbunden. Unter diesen ist das Phänomen der **Unsicherheit** das Bedeutendste. Ob ein Wettbewerber in den Markt eintritt, ob ein Kunde ein bestimmtes Produkt nachfragt, ob sich die Konjunktur in der angenommenen Weise entwickelt – all diese Fragen können nicht sicher beantwortet werden, weil sie sich auf die Zukunft beziehen. Nur Informationen mit Zukunftsbezug können aber dabei helfen, über die Lösung eines Problems zu entscheiden. Eine weitere Schwierigkeit besteht darin, dass sich Zusammenhänge zwischen verschiedenen Faktoren und Ereignissen häufig als komplex und daher nicht leicht durchschaubar erweisen. Auch diese **Komplexität** macht eine umfassende Informationsgewinnung zu einem überaus schwierigen Unterfangen. Und schließlich sind es die an der Analyse Beteiligten selbst, die zu Problemen führen: die Wahrnehmung aller an der Problemlösung beteiligten Personen wird – wie bei allen Menschen – von ihrem Wissen und ihren Erfahrungen beeinflusst („bias"). Sie nehmen die Realität nicht objektiv, sondern subjektiv wahr – sie sind voreingenommen. Dies kann dazu führen, dass nur bestimmte Informationen erfasst und verarbeitet werden: vor allem solche, die den vorherrschenden Meinungen und vergangenen Erfahrungen der handelnden Personen entsprechen. Informationen, die Gewohntes und Bekanntes in Frage stellen, werden hingegen oft übersehen[5].

Vor diesem Hintergrund wird klar, dass es einem Problemlösungsteam in der Realität nie gelingen wird, alle relevanten Informationen zu gewinnen oder auch nur die Informationen, die vorhanden sind, vollständig zu verarbeiten. Probleme müssen unter den Bedingungen **„unvollkommener Information"** gelöst werden. Daher ist es notwendig, Methoden zu kennen, die das Problemlösungsteam bei der systematischen und problembezogenen Informationsgewinnung soweit wie möglich unterstützen. Man muss aber auch wissen, wann sich die Anwendung welcher Methode empfiehlt. Nicht alle Methoden sind für alle Informationszwecke geeignet, da sie entweder für einen bestimmten Zweck zu kostspielig sind oder nicht zu

---

[5] Vgl. Hungenberg, H. (2008), S. 89 ff.

verlässlichen Informationen führen. Ob eine Methode der Informationsgewinnung im Einzelfall geeignet ist, kann anhand der folgenden **Anforderungen** beurteilt werden[6]:

- **Relevanz**

Relevant sind nur solche Informationen, die für eine konkrete Entscheidung benötigt werden. Welche qualitativen und quantitativen Daten im Einzelfall relevant sind, lässt sich daher nur mit Blick auf das konkret zu lösende Problem beantworten. Allgemein gilt jedoch, dass immer geprüft werden sollte, warum und wozu eine bestimmte Information benötigt wird, bevor die entsprechende Analyse angestoßen wird.

- **Validität**

Eine Analyse ist nur dann valide, wenn die ihr zu Grunde liegenden Informationen auch tatsächlich den zu untersuchenden Sachverhalt beschreiben. Wenn beispielsweise Aussagen über die Innovationsleistungen eines Unternehmens gewonnen werden sollen, so sind sicher der Umsatzanteil neuer Produkte oder die Anzahl angemeldeter Patente bessere (gültigere) Indikatoren als die Anzahl der Mitarbeiter im Forschungs- und Entwicklungsbereich.

- **Zuverlässigkeit**

Analysen führen nur dann zu wertvollen Ergebnissen, wenn die zu Grunde liegenden Daten nicht durch Erhebungs-, Mess- oder Auswertungsfehler beeinträchtigt werden. Im konkreten Anwendungsfall sollte immer überprüft werden, ob Informationen in diesem Sinne zuverlässig sind. Dies kann z. B. durch Parallelanwendung unterschiedlicher Messinstrumente (Paralleltests) oder durch die Wiederholung einer Untersuchung zu unterschiedlichen Zeitpunkten (Test-Retest-Verfahren) erfolgen.

- **Objektivität**

Informationen sollen so gewonnen werden, dass sie (möglichst) unabhängig von der Person sind, welche die Untersuchung durchführt oder die Ergebnisse nutzt. Individuelle Einflüsse auf die Erhebung der Informationen oder ihre Auswertung sollten soweit wie möglich vermieden werden; insbesondere muss vermieden werden, dass Informationen im Interesse eines gewünschten Ergebnisses „gefärbt" werden.

- **Aktualität**

Entscheidungen, mit denen die Zukunft des Unternehmens beeinflusst werden soll, dürfen nicht auf Informationen basieren, die den interessierenden Sachverhalt nicht mehr zutreffend beschreiben, weil sie veraltet sind. Eine Analyse erfüllt daher nur dann ihren Zweck, wenn sie aktuelle Informationen verwendet. Diese Anforderung wird umso wichtiger, je schneller sich die Umfelder oder das Unternehmen selbst verändern.

---

[6] Vgl. hierzu auch Diekmann, A. (2008), S. 247 ff.

- **Wirtschaftlichkeit**

Nicht zuletzt muss die Informationsbeschaffung – wie alle Aktivitäten eines Unternehmens – wirtschaftlich sinnvoll sein. Konkret bedeutet dies, dass die Kosten der Informationsbeschaffung den Nutzen, der aus diesen Informationen gezogen werden kann, nicht übersteigen dürfen.

Bei einer systematischen Informationsgewinnung, die diesen Anforderungen genügt, können gedanklich drei Teilschritte unterschieden werden. Der erste Schritt, die Erhebung von Informationen, zielt darauf ab, geeignete Informationsquellen zu bestimmen und notwendige Untersuchungen – z. B. empirische Untersuchungen – durchzuführen. Im zweiten Schritt müssen die erhobenen **Informationen ausgewertet** werden. Dazu stehen unterschiedliche Verfahren der univariaten, bivariaten und multivariaten Analyse zur Verfügung. Im dritten Schritt sind diese **Informationen zu interpretieren** und in eine entscheidungsreife Form zu überführen (Abbildung 4.4). Die wichtigsten Teilaspekte eines solchen Informationsgewinnungsprozesses werden im Folgenden beschrieben[7].

	Informations-erhebung	Informations-auswertung	Informations-interpretation
Ziel	Ermittlung der zur Beantwortung einer bestimmten Fragestellung relevanten Daten	Bündelung, Verdichtung und Aufbereitung der erhobenen Daten	Prüfung der erhobenen und aufbereiteten Daten auf Plausibilität; Ableitung von Schlussfolgerungen, insbesondere hinsichtlich der zukünftigen Entwicklung
Methoden (Beispiele)	• Großzahlige Befragung • Test • Interview • Sekundäranalysen	• Tabellen • Häufigkeits-diagramme • Regressions-analyse	• Trendfortschreibung • Szenariotechnik

Abbildung 4.4: Schritte im Informationsgewinnungsprozess

---

[7]   Vgl. Hungenberg, H. (2008), S. 164 ff.

4.2.2   Erhebung von Informationen

4.2.2.1 Informationsquellen

Am Anfang der Informationsgewinnung steht die Frage, ob notwendige Informationen bereits vorliegen oder erst noch erhoben werden müssen. Im ersten Fall können Daten genutzt werden, die bereits früher für ähnliche oder andere Zwecke gewonnen worden sind. Man spricht dann auch von **Sekundärdaten** bzw. Sekundärforschung. Im zweiten Fall – der Gewinnung von **Primärdaten** – muss eine eigenständige Erhebung durchgeführt werden, um die benötigten Informationen zu gewinnen. Sinnvollerweise sollte natürlich zunächst in vorhandenen Datenquellen nach den benötigten Informationen gesucht werden und nur für noch fehlende Informationen eine eigenständige Erhebung durchgeführt werden. Zu fast allen Fragen, die im Rahmen der Problemanalyse interessieren, stehen in irgendeiner Form Sekundärdaten zur Verfügung. Abbildung 4.5 gibt einen Überblick über die wichtigsten Quellen solcher Sekundärdaten. Sie können bei der Analyse betriebswirtschaftlicher Fragestellungen in vielfältiger Weise genutzt werden. So bilden beispielsweise Daten der Buchhaltung und Kostenrechnung eine wichtige Grundlage für die finanzielle Analyse. Aber auch Daten, die unternehmensextern verfügbar sind, können wichtige Anhaltspunkte liefern – etwa Daten, die von Wirtschaftsverbänden bereitgestellt werden und unter Umständen Rückschlüsse auf Marktanteile und Kostenstrukturen anderer Unternehmen zulassen, oder auch veröffentlichte Statistiken, die Aussagen zur Konjunktur- und Nachfrageentwicklung gestatten[8].

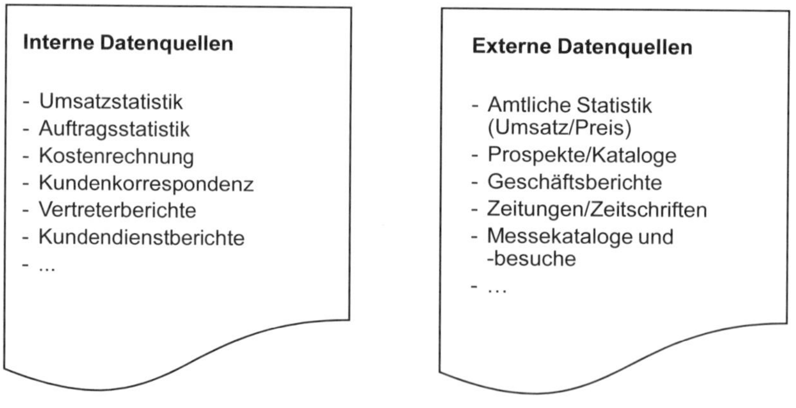

Interne Datenquellen	Externe Datenquellen

- Umsatzstatistik
- Auftragsstatistik
- Kostenrechnung
- Kundenkorrespondenz
- Vertreterberichte
- Kundendienstberichte
- ...
	- Amtliche Statistik
	  (Umsatz/Preis)
	- Prospekte/Kataloge
	- Geschäftsberichte
	- Zeitungen/Zeitschriften
	- Messekataloge und
	  -besuche
	- ...

Abbildung 4.5: *Überblick über Sekundärdatenquellen*

---

[8]   Vgl. Hammann, P., Erichsen, B. (2000), S. 61 ff.

Der größte Vorteil von Sekundärdaten besteht darin, dass sie schnell und kostengünstig zur Verfügung stehen. Oft können sie durch eine Recherche in Bibliotheken, Datenbanken oder im Internet innerhalb kurzer Zeit erhoben werden. Selbst wenn Sekundärdaten von externen Institutionen (z. B. Marktforschungsunternehmen) gekauft werden müssen, fallen in der Regel geringere Kosten an als bei einer eigenständigen Erhebung, da die Daten mehreren Nutzern zur Verfügung gestellt werden, die sich die Kosten teilen. Wenn Sekundärdaten von spezialisierten Anbietern gewonnen werden, besitzen diese oft sogar eine bessere Qualität und Genauigkeit als sie ein interessiertes Unternehmen selbst erreichen könnte.

Trotz dieser Vorteile kann der Einsatz von Sekundärdaten im Rahmen einer Problemanalyse aber auch gefährlich sein. Ex definitione handelt es sich bei ihnen nämlich um Informationen, die in der Vergangenheit und für andere Zwecke erhoben worden sind. Sie sind insofern oft veraltet und nicht immer für das betrachtete Problem wirklich geeignet. Darüber hinaus besteht bei Sekundärdaten immer Unsicherheit über die Datenzuverlässigkeit, das heißt über mögliche Fehler bei ihrer Erhebung oder Auswertung. Sekundärdaten sind daher stets gründlich auf ihre Einsetzbarkeit zu prüfen.

Wenn die durch Sekundärforschung ausgewerteten Informationen für den Untersuchungszweck nicht ausreichen, müssen die fehlenden Daten durch Primärforschung – also durch eigene Untersuchungen – beschafft werden. Dafür stehen verschiedene Methoden der Datenerhebung zur Verfügung. Zu den im Rahmen von Projekten bedeutendsten Methoden zählen Feldstudien und Tests sowie – ganz besonders – Interviews. Sie werden daher im Folgenden exemplarisch vorgestellt. Natürlich existieren noch weitere Erhebungsmethoden, auf die aber an dieser Stelle nicht explizit eingegangen werden kann.

4.2.2.2 Informationsgewinnung durch Feldstudien und Tests

Um für eine bestimmte Zielgruppe konkrete und mithilfe statistischer Verfahren auswertbare Informationen zu erhalten, müssen **großzahlige, standardisierte Befragungen** – so genannte **Feldstudien** – durchgeführt werden[9]. Generell lassen sich schriftliche und mündliche Befragungen mit oder ohne technische Unterstützung (z. B. Visualisierungen, Computer) unterscheiden. Problemlösungsteams führen diese Art der Datenerhebung allerdings meist nicht selbst durch, sondern nehmen dafür die Dienste von Marktforschungsinstituten in Anspruch.

Großzahlige Befragungen basieren auf einem standardisierten **Fragebogen**, der zur leichteren Auswertung überwiegend geschlossene Fragen enthält – also solche, die mit „ja" oder „nein" beantwortet werden können oder für die mögliche Antworten bereits vorgegeben sind. Dadurch soll gewährleistet werden, dass die in großer Zahl anfallenden Einzelaussagen unmittelbar vergleichbar und statistisch auswertbar sind. Dieses Ziel wird jedoch nur dann erreicht, wenn entsprechende Sorgfalt auf die Gestaltung des Fragebogens verwendet wird. So sollten die Fragen nicht zu lang formuliert sein und beispielsweise keine komplizierten Sätze enthalten. Gleichzeitig muss aus der Frage deutlich hervorgehen, welche Inhalte an-

---

[9] Vgl. ausführlich Meffert, H. (1992), S. 201 ff. und Schnell, R., Hill, P., Esser, E. (2008), S. 319 ff.

gesprochen werden und welcher Genauigkeitsgrad der Antwort erwartet wird. Darüber hinaus sollten die Befragten nicht durch erklärungsbedürftige Begriffe oder lange Listen möglicher Antworten überfordert werden. Schließlich sollten die Fragen so neutral wie möglich gestellt werden, um nicht eine bestimmte Antwort zu suggerieren[10].

Im Fragebogen werden die einzelnen Fragen geordnet. Üblicherweise stehen neutrale Fragen sowie Fragen, die das Interesse des Befragten wecken sollen, am Anfang, um die Befragung überhaupt erst in Gang kommen zu lassen. Jeder neue Themenkomplex wird durch Übergangsfragen eingeleitet. Um die Verlässlichkeit der Antworten zu prüfen, bietet es sich z. B. an, zu einzelnen Aspekten Kontrollfragen zu stellen, indem eine Frage in etwas veränderter Form an späterer Stelle des Fragebogens wiederholt wird.

Die Anzahl der im Rahmen einer Befragung anzusprechenden Personen richtet sich nach dem Untersuchungszweck. Meist wird eine Zufallsauswahl aus der betroffenen Grundgesamtheit gebildet. Die notwendige Stichprobengröße kann dann mittels statistischer Verfahren berechnet werden, wenn die Größe der Grundgesamtheit und das angestrebte Signifikanzniveau bekannt sind.

Ein generelles Problem bei der Befragung ist die oft mangelnde Auskunftsbereitschaft der Befragten. Bei mündlichen Befragungen äußern sich in der Regel 50 bis 60 Prozent der angesprochenen Personen. Bei schriftlichen Befragungen werden häufig nur Rücklaufquoten von 10 bis 20 Prozent erreicht. Diese niedrige Antwortquote stellt ein Problem dar, weil sie zu einer Verzerrung der Untersuchungsergebnisse führen kann. Es ist nämlich nicht zu erwarten, dass die Antwortenden eine Zufallsauswahl aus der Stichprobe darstellen, sondern eher, dass bestimmte Gruppen im Fragebogenrücklauf überrepräsentiert sind. Durch telefonische oder schriftliche Nachfassaktionen lässt sich die Rücklaufquote allerdings oft steigern und dementsprechend die Verzerrung verringern.

Befragungen werden beispielsweise im Rahmen der Marktforschung zur Ermittlung der Präferenzen und des Verhaltens von Kunden eingesetzt. Sie dienen in diesem Rahmen als wichtige Grundlage für Entscheidungen über Produkteigenschaften oder über eine zukünftige Produktpositionierung. Nachteilig wirken sich allerdings die hohen Kosten aus, die mit Befragungen, insbesondere mit persönlichen Interviews, verbunden sind. Um die Kosten zu senken, werden daher vor allem von Marktforschungsinstituten häufig so genannte Omnibusbefragungen eingesetzt. Diese Befragungen fassen mehrere Befragungen zu ganz unterschiedlichen Themen in einer einzelnen zusammen. Eine hohe Bedeutung erlangen auch Panel-Befragungen. Dabei handelt es sich um wiederholte Befragungen zum gleichen Thema bei der gleichen Zielgruppe. Veränderungen des Verbraucherverhaltens im Zeitablauf können so erkannt werden. Insgesamt stellt die Befragung ein wirksames, aber auch nicht ganz einfaches Instrument zur Datenerhebung dar, das Sorgfalt sowohl in der Planung als auch in der Durchführung verlangt – dann aber wirkungsvolle Ergebnisse liefern kann.

---

[10] Vgl. Friedrichs, J. (1990), S. 192 ff.

Testverfahren werden insbesondere bei Problemen aus dem Bereich der Marktforschung angewandt, um konkrete Ursache-Wirkungs-Zusammenhänge aufzudecken[11]. Tests basieren auf einem experimentellen Design, mit dessen Hilfe die Auswirkungen bestimmter unabhängiger Variablen auf bestimmte abhängige Variablen untersucht werden sollen, während der Einfluss so genannter Störvariablen weitgehend ausgeschlossen wird. Testverfahren werden insbesondere in Form von Produkt- und Markttests bei Produktneueinführungen eingesetzt. Beim **Produkttest** wird in der Regel ausgewählten Personen das zu testende Produkt unentgeltlich überlassen, um anschließend deren subjektive Eindrücke oder Urteile über das Produkt oder einzelne Produktteile zu erfragen. Beim **Markttest** wird ein Produkt in einem regional begrenzten Gebiet angeboten – einschließlich der dazugehörigen Maßnahmen, wie Werbung oder Verkaufsförderung. Das Ziel dieser – naturgemäß relativ teuren – Tests besteht jeweils darin, die Marktchancen eines Produkts unter möglichst realen Bedingungen zu überprüfen, bevor das Produkt tatsächlich auf den Markt gebracht wird. Solche Testverfahren sind dementsprechend vor allem für absatz- bzw. marketingorientierte Fragestellungen von Bedeutung.

4.2.2.3 Informationsgewinnung durch Interviews

Insbesondere bei Projekten, in denen die Bearbeitung komplexer, neuartiger Probleme im Vordergrund steht, können großzahlige Befragungen oder Tests nur in eingeschränktem Maße eingesetzt werden. Daher kommt vor allem **Interviews** mit „Wissensträgern" innerhalb und außerhalb des Unternehmens eine besondere Bedeutung zu. Interviews sind eine reichhaltige Informationsquelle für nahezu alle Fragestellungen, da sie es gestatten, das dezentral verfügbare Wissen für die Problembearbeitung zu erschließen. Zudem sind sie viel besser als jede andere Form der Informationsgewinnung geeignet, in einem Arbeitsschritt Informationen zu erheben, zu hinterfragen und auf ihre Plausibilität hin zu überprüfen. Gleichzeitig erlauben Interviews den Mitgliedern eines Problemlösungsteams in hervorragender Weise, ein persönliches Bild von einer bestimmten Situation oder einem bestimmten Bereich zu gewinnen. Solche persönlichen Eindrücke erweisen sich vielfach bei der Lösungsfindung als sehr wertvoll.

Um Interviews als Instrument der Informationsgewinnung zweckmäßig einzusetzen, sind Aktivitäten der Interviewvorbereitung, -durchführung und -nachbereitung erforderlich (Abbildung 4.6).

---

[11] Einen Überblick über Testverfahren gibt Meffert, H. (1992), S. 232 ff.

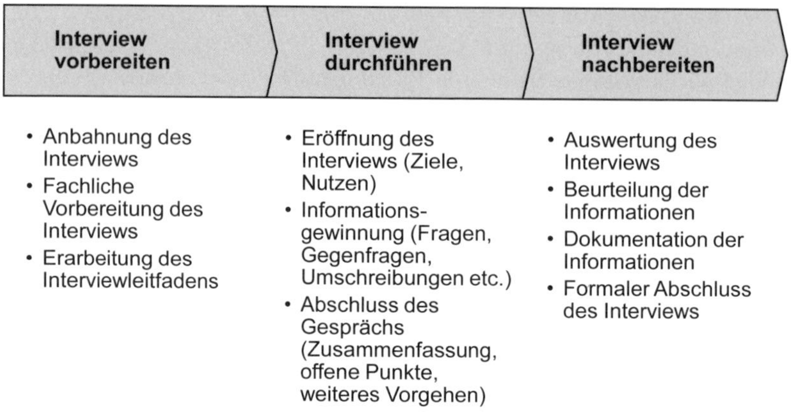

Interview vorbereiten	Interview durchführen	Interview nachbereiten
• Anbahnung des Interviews • Fachliche Vorbereitung des Interviews • Erarbeitung des Interviewleitfadens	• Eröffnung des Interviews (Ziele, Nutzen) • Informationsgewinnung (Fragen, Gegenfragen, Umschreibungen etc.) • Abschluss des Gesprächs (Zusammenfassung, offene Punkte, weiteres Vorgehen)	• Auswertung des Interviews • Beurteilung der Informationen • Dokumentation der Informationen • Formaler Abschluss des Interviews

Abbildung 4.6: *Informationsgewinnung durch Interviews*

• Vorbereitung von Interviews

Wie schon bei einigen anderen Problemlösungsaktivitäten erwähnt, gilt auch hier, dass die Vorbereitung der Schlüssel zum späteren (Interview-)Erfolg ist. Die Interviewvorbereitung dient zum einen der Anbahnung des späteren Interviews (Kontaktaufnahme, Terminvereinbarung etc.), zum anderen hat sie aber auch den Zweck, **das Interview fachlich vorzubereiten** – das heißt: die Inhalte des Interviews zu bestimmen und in einen Interviewleitfaden umzusetzen.

Die inhaltliche Vorbereitung von Interviews besitzt große Bedeutung, da angesichts der Tatsache, dass insbesondere wichtige Interviewpartner in der Regel nur einmal für ein Interview zur Verfügung stehen, sichergestellt werden muss, dass alle relevanten Informationen im Interview tatsächlich erfasst werden. Daher sind zu Beginn der inhaltlichen Vorbereitung das Gesprächsziel und alle relevanten Themenbereiche festzulegen. Dabei empfiehlt sich eine Konzentration auf wesentliche Themenschwerpunkte, um eine Verzettelung des Interviewers oder eine zu lange Dauer zu vermeiden.

Das Gesprächsziel und die festgelegten Themenschwerpunkte bilden die Basis für die Gestaltung des **Interviewleitfadens**. Für jeden Themenbereich werden Fragen formuliert, die dieses Themengebiet vollständig abdecken. Zu Beginn des Leitfadens sollte eine kurze Erläuterung des Gesprächsziels, der relevanten Themen und der Gesprächsdauer formuliert werden, bevor zum Gesprächseinstieg eine „Eisbrecherfrage" genutzt wird. Eine solche Eisbrecherfrage ist eine Frage, die für den Interviewten leicht zu beantworten ist und ihn „ins Reden bringt"; denn: wenn der Interviewte erst einmal von sich aus redet, ist es für den Interviewer wesentlich leichter, das Gespräch sukzessive auf die einzelnen interessierenden Themenfelder zu lenken. Am Ende des Leitfadens stehen dann einige kurze Hinweise zum weiteren Vorgehen und zur Verwendung der im Gespräch erhaltenen Informationen. Der Leitfaden als Ganzes sollte vor Durchführung des Interviews getestet werden.

- **Durchführung von Interviews**

Bei der Interviewdurchführung werden die gewünschten Informationen erhoben. Basis dafür ist der zuvor erarbeitete Interviewleitfaden. Die Interviewdurchführung unterteilt sich wiederum in mehrere Phasen. Ganz wichtig ist, dass zunächst einmal – in einer Phase der **Intervieweröffnung** – die Ziele des Gesprächs und gegebenenfalls der Nutzen des Interviews für den Gesprächspartner herausgestellt werden. Danach werden die einzelnen Themenbereiche abgearbeitet. Der Interviewleitfaden, der gegebenenfalls dem Interviewten in einer Kurzform überreicht werden kann, dient dafür als Grundlage. Oft erweist es sich allerdings als sinnvoll, diesem Leitfaden nicht stur zu folgen, sondern die Interviewpartner – quasi wie bei einer ungezwungenen Unterhaltung – sprechen zu lassen und durch geschickte Zwischenfragen von Themenblock zu Themenblock zu lenken, ohne die Reihenfolge auf dem Interviewleitfaden zwingend zu beachten. Am Ende muss jedoch sichergestellt sein, dass alle relevanten Fragen beantwortet worden sind.

Für den Erfolg eines Interviews ist es nicht allein ausschlaggebend, dass der Interviewer die „richtigen", das heißt sachlich notwendigen Fragen stellt, sondern diese müssen auch „richtig" beim Interviewten ankommen. Wenn der Interviewer die wichtigsten **Grundsätze der Fragenformulierung** beachtet, wird ihm dies im Normalfall gelingen:

- Fragen sind einfach zu formulieren. Klar, kurz und sprachlich unkompliziert formulierte Fragen erleichtern die Verständigung.

- Fragen sind eindeutig zu formulieren. So können Missverständnisse bei einzelnen Personen ausgeschlossen werden, und für den Fall, dass ein Interview mehrmals mit unterschiedlichen Personen durchgeführt wird, kann ein einheitlicher Bezugsrahmen geschaffen werden.

- Fragen sind neutral zu formulieren. Suggestiv formulierte Fragen können den Interviewten so weit beeinflussen, dass seine Antworten wertlos werden.

Die Kunst des Interviews besteht darin, dem Befragten zu sämtlichen relevanten Fragen zielführende Antworten „zu entlocken". Zu diesem Zweck muss sich der Interviewer bei der Vorbereitung und Durchführung des Interviews gezielt **auf die Person des Interviewten einstellen**. Konkret bedeutet dies, dass die Herangehensweise an das Interview und die Art der Informationsgewinnung im Interview darauf ausgerichtet werden, wie sich der Interviewpartner voraussichtlich im Gespräch verhalten wird (Abbildung 4.7). Vor allem dann, wenn Interviews mit solchen Personen durchgeführt werden, die in irgendeiner Weise von den späteren Ergebnissen des Problemlösungsprozesses betroffen sind – dies dürfte bei unternehmensinternen Interviews der Regelfall sein –, sind positive oder negative Voreinstellungen des Interviewten zu erwarten, die sich in seinem Verhalten während des Gesprächs niederschlagen. Vor allem negative Vorprägungen, die ihren Ausdruck in einer verdeckten, zum Teil sogar unbewussten Ablehnung finden und im Extremfall bis zu offener Aggressivität gegenüber dem Interviewer reichen, können die Interviewdurchführung nachhaltig erschweren.

Verhaltensweisen	Reaktion
Aggression • Interviewter zeigt Missfallen am Interview/Untersuchung • Attackiert Interviewer auf persönlicher Ebene	• Nicht selbst auch aggressiv werden • Aussage nicht kommentieren
Unsicherheit • Interviewter ist nervös, warum gerade er interviewt wird • Hält seine Meinung zurück, erzählt nur Offensichtliches	• Zweck des Interviews deutlich begründen • Vertrauen schaffen • Ursache für Unsicherheit verstehen
Geschwätzigkeit • Interviewer redet viel/am Thema vorbei • Erzählt Anekdoten	• Geschlossene Fragen stellen, unterbrechen • Zeitdruck signalisieren
Blockade • Hat kein Vertrauen zum Interviewer • Eventuell „politisch" von der Problemlösung betroffen	• Offene Fragen stellen, kein Verhör • Zukunfts-, nicht vergangenheitsbezogene Fragen stellen • Vertrauensbildende Maßnahmen

Abbildung 4.7: *Typische Interviewsituationen*

Um mit derartigen Situationen umzugehen, sollte der Interviewer in jedem Fall eine nach vorne gerichtete Gesprächsatmosphäre schaffen („keine Vergangenheitsbewältigung"). Außerdem kann er durch seine **Fragemethodik** den Gesprächsverlauf beeinflussen[12]. So bietet es sich bei eher „wortkargen" Interviewpartnern an, **offene Fragen** zu stellen, während andere in ihrem Redefluss durch **geschlossene Fragen**, also solche, auf die nur mit „ja" oder „nein" geantwortet werden kann, gebremst werden müssen. Außerdem hat der Interviewer die Möglichkeit, zwischen **direkt und indirekt formulierten Fragen** zu variieren. Mit direkt formulierten Fragen wird der Interviewte aufgefordert, sich persönlich zu einem bestimmten Sachverhalt zu äußern. Der interessierende Sachverhalt wird dabei in der Frage eindeutig benannt. Beispielsweise hätte Fred Klabuster den Vertriebsleiter von Bunsenbrenn direkt fragen können: „Wie stellt sich aus Ihrer Sicht die gegenwärtige Marktsituation unseres Unternehmens dar?", um dessen persönliche Einschätzung zu diesem Sachverhalt zu erfahren. Indirekt formulierte Fragen lassen demgegenüber nicht unmittelbar auf den interes-

---

[12] Vgl. ausführlich zur Durchführung von Interviews und den dabei auftretenden Problemen Kromrey, H. (2006), S. 358 ff.

sierenden Sachverhalt schließen – dieser wird geschickt „verpackt", und der Befragte wird nicht persönlich angesprochen. Derart formulierte Fragen nutzt man bei Befragungen zu Themen, zu denen sich der Interviewte nur ungern äußert. Da in unserem Beispiel der Außendienst im Verkauf das Lieblingskind des Vertriebsleiters zu sein scheint und von daher als unantastbar gilt, könnte eine darauf gerichtete Frage beispielsweise lauten: „Manche Mitarbeiter im Unternehmen sind der Meinung, dass man nach neuen Absatzwegen suchen sollte. Kann man dem nach Ihrer Einschätzung zustimmen, oder sollte man eher die bekannten Absatzkanäle nutzen und stärken?"

Auch die **Frageart** kann gezielt eingesetzt werden. Im Allgemeinen bieten sich in Interviews Sachfragen an, mit denen das Wie, Was oder Wann ermittelt werden kann. Begründungen – also Auskünfte nach dem Warum – sollten dagegen nur verwendet werden, wenn wirklich die Hintergründe eines Sachverhalts unklar sind und verstanden werden müssen, da Begründungsfragen den Interviewten in Bedrängnis bringen können. Zur Konkretisierung von Aussagen bietet sich daneben auch der Einsatz von Gegenfragen – z. B.: „Wie haben Sie das genau gemeint?" – oder von Umschreibungen an – z. B.: „Sie sagen also, dass ..." Auch die Wirkung aktiven Zuhörens und der Bestätigung des Interviewten, z. B. durch wiederholtes Kopfnicken, darf nicht unterschätzt werden.

Unabhängig davon, wie die Fragen formuliert sind, können zu den Fragen mögliche **Antworten vorgegeben sein oder nicht**. Fragen mit Antwortvorgabe bergen das Problem, dass sich der Befragte unter Umständen nicht in den vorgegebenen Antwortkategorien wieder findet. Er könnte dann nicht die Antwort geben, die er eigentlich wollte; Antwortverzerrungen sind die Folge. Dieses Risiko sollte man nur dann eingehen, wenn man den Befragten zwingen will, sich bewusst zwischen bestimmten (Antwort-)Alternativen zu entscheiden und nicht auszuweichen. Bei Fragen ohne Antwortvorgabe ist der Befragte demgegenüber in der Wahl seiner Antwort frei.

Die Fragenformulierung allein ergibt noch kein Interview. Vielmehr ist auch die **Reihenfolge, in der die einzelnen Fragen an den Interviewten gerichtet werden**, von besonderer Bedeutung für den Interviewerfolg. Auch hier gibt es bestimmte Grundregeln dafür, wie bestimmte Typen von Fragen in einem Interview angeordnet werden sollen. So sollte jedes Interview, wie oben bereits erwähnt, mit so genannten Kontakt- und „Eisbrecherfragen" begonnen werden. Dies sind Fragen, die in das Thema einführen und bei dem Befragten Aufgeschlossenheit gegenüber dem Interview und Interesse an dem behandelten Thema erzeugen sollen. Der eigentlichen Erhebung der gewünschten Informationen dienen die Sach- und Begründungsfragen. Beziehen sie sich auf mehrere Sachverhalte, kann der Interviewte durch Überleitungsfragen am „roten Faden" des Interviews gehalten werden. Um die Aussagen des Interviewten zu plausibilisieren, können Kontrollfragen eingesetzt werden. Diese stellen einen bestimmten Sachverhalt, der bereits einmal angesprochen worden ist, erneut zur Diskussion, nähern sich diesem aber aus einer anderen Perspektive. Allerdings kann auch der Interviewte die Fragen zueinander in Beziehung setzen, seine Antworten kontrollieren und versuchen, alle Fragen widerspruchsfrei zu beantworten. Insofern hat die Anordnung der Fragen unter Umständen eine unerwünschte Auswirkung auf die Antworten des Interviewten – man spricht vom Konsistenzeffekt. Daneben existiert ein Lerneffekt in dem Sinne, dass der Befragte über die Fragestellungen Wissen generiert, das er zum Beantworten der Fragen nutzt. Beide Effekte verursachen **Antwortverzerrungen**. Diese können soweit wie möglich vermieden werden, wenn Fragen, die Einfluss aufeinander ausüben könnten, voneinander entfernt angeordnet und inhaltlich getrennt werden. Darüber hinausgehende Antwortverzerrungen, wie z. B. ein Zustimmungsbestreben oder das Abgeben sozial erwünschter Antworten, können in Interviews kaum vermieden werden – man sollte sich ihrer bei der Ausweitung der Informationen jedoch bewusst sein.

Unabhängig von Ausrichtung und Verlauf des Interviews sollte dann am Ende des Gesprächs in jedem Fall eine Zusammenfassung der Gesprächsergebnisse, ein Dank und ein Hinweis auf das weitere Vorgehen erfolgen.

•   **Nachbereitung von Interviews**

Die Nachbearbeitung schließt sich an die Interviewdurchführung an. Sie dient dazu, die erhobenen Informationen auszuwerten, zu beurteilen und zu dokumentieren. Darüber hinaus gehört der formale Abschluss des Interviews (z. B. Dankschreiben) zur Interviewnachbereitung. In manchen Fällen bietet es sich zudem an, dem Interviewten am Ende der Problemlösung die Ergebnisse zukommen zu lassen. Dies gibt dem Interviewten ein Gefühl der Wertschätzung und steigert seine Motivation, auch in weiteren Fällen zu einem Interview bereit zu sein.

4.2.3   Auswertung von Informationen

Antworten zu den Fragen, die im Rahmen der Problemlösung interessieren, sind zumeist nicht direkt in dem erhobenen Datenmaterial zu finden. Das Material, das als Ergebnis der Erhebung vorliegt, muss vielmehr zunächst gebündelt, verdichtet und in Beziehung gesetzt werden. Dies ist Aufgabe der Informationsauswertung. Besondere Bedeutung besitzen dabei die Verfahren der deskriptiven Statistik, bei denen sich – abhängig von der Anzahl der untersuchten Variablen – univariate, bivariate und multivariate Verfahren der Auswertung unterscheiden lassen[13].

Univariate Verfahren sind die einfachste Form der Datenauswertung. Sie können auf alle Arten von Merkmalen – unabhängig von deren Skalierung – angewandt werden. Das wichtigste derartige Verfahren ist die eindimensionale Häufigkeitsverteilung. Dabei werden beobachtete Häufigkeiten von Merkmalsausprägungen erfasst, systematisiert und übersichtlich dargestellt – beispielsweise in Form von Säulen-, Balken- oder Kreisdiagrammen. Abhängig von der Skalierung der untersuchten Variablen lassen sich zusätzlich so genannte Lage- und Streuparameter, wie Modus, Median, arithmetisches Mittel, Standardabweichung oder Varianz berechnen.

Bivariate Verfahren sind anspruchsvollere Formen der Auswertung. Mit ihrer Hilfe können Zusammenhänge zwischen zwei Variablen untersucht werden. Zu den wichtigsten bivariaten

---

[13]   Vgl. zu verschiedenen Verfahren der Datenauswertung Berekoven, L., Eckert, W., Ellenrieder, P. (2006), S. 197 ff.

Auswertungsverfahren zählen Kreuztabellen, Korrelationsanalysen und die einfache Regressionsanalyse. Kreuztabellen sind das einfachste Verfahren zur Veranschaulichung von Zusammenhängen zwischen zwei Variablen und können auch bei nominal skalierten Merkmalen angewandt werden. In Form einer Matrix verdeutlichen sie, wie häufig die verschiedenen Kombinationen der Merkmalsausprägungen von zwei Variablen gemeinsam auftreten. Durch eine Korrelationsanalyse kann der Grad der linearen Abhängigkeit zweier Variablen ermittelt werden. Ergebnis sind dabei der Bravais-Pearson'sche Korrelationskoeffizient für kardinal skalierte Merkmale oder der Spearman'sche Rangkorrelationskoeffizient für ordinal skalierte Merkmale. Die einfache Regressionsanalyse geht noch einen Schritt weiter. Sie ermittelt nicht nur einen Koeffizienten, der den Grad der linearen Abhängigkeit zweier Variablen angibt, sondern bestimmt eine Regressionsgerade, auf deren Basis die Ausprägungen einer abhängigen Variablen aufgrund der Ausprägungen der unabhängigen Variablen errechnet werden können. So werden beispielsweise Trendgeraden mittels einfacher Regressionsanalyse ermittelt.

Multivariate Verfahren schließlich sind Verfahren, um Zusammenhänge zwischen mehr als zwei Variablen zu untersuchen. Die Verfahren der multivariaten Analyse werden danach unterschieden, ob von Beginn an eine Unterteilung in abhängige und unabhängige Variablen möglich ist (Dependenzanalyse) oder nicht (Interdependenzanalyse) und inwieweit nicht metrisch skalierte Variablen verwendet werden können oder nicht (Abbildung 4.8). Im Folgenden werden die wichtigsten multivariaten Analysemethoden kurz vorgestellt[14].

• Multiple Regressionsanalyse

Mit diesem Verfahren wird der Zusammenhang zwischen einer abhängigen und mehreren unabhängigen Variablen untersucht. Alle Variablen müssen metrisch skaliert sein. So kann z. B. die Frage untersucht werden, in welcher Weise die Absatzmenge eines Produkts vom Preis, den Werbeausgaben oder dem Volkseinkommen beeinflusst wird. Die multiple Regressionsanalyse kann sowohl zur Erklärung als auch zur Prognose von Zusammenhängen eingesetzt werden. Daher stellt sie das am häufigsten angewandte Verfahren der multivariaten Analyse dar.

• Multiple Varianzanalyse

Die multiple Varianzanalyse kann eingesetzt werden, wenn die unabhängigen Variablen nicht metrisch skaliert sind und die abhängige Variable auf metrischem Skalenniveau gemessen wird. Dieses Verfahren wird insbesondere für die Auswertung von Experimenten genutzt. Durch die Analyse wird ermittelt, inwieweit Schwankungen der abhängigen Variablen – also z. B. der Zahl der Kinobesucher – von den Ausprägungen unterschiedlicher unabhängiger Variablen – also z. B. der Plakatwerbung oder von Anzeigen – beeinflusst werden.

---

[14] Vgl. Backhaus, K., Erichson, B., Plinke, W., Weiber, R. (2006).

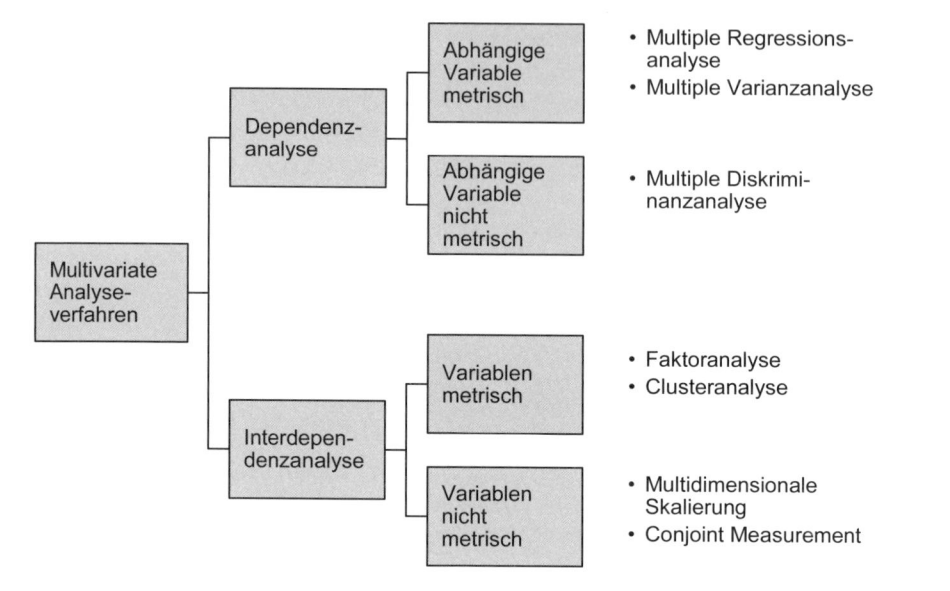

Abbildung 4.8: *Multivariate Analyseverfahren im Überblick*

- **Multiple Diskriminanzanalyse**

Durch die multiple Diskriminanzanalyse werden Unterschiede zwischen verschiedenen Gruppen von Untersuchungsobjekten ermittelt. Dieses Verfahren wird z. B. eingesetzt, um festzustellen, ob sich Wähler von zwei unterschiedlichen Parteien hinsichtlich soziodemografischer oder psychografischer Merkmale unterscheiden. Die Diskriminanzanalyse setzt metrisch messbare unabhängige und nicht metrisch skalierte abhängige Variablen voraus.

- **Faktorenanalyse**

Die Faktorenanalyse kann insbesondere dann angewandt werden, wenn im Rahmen einer Datenerhebung eine große Zahl von Variablen zu einer bestimmten Fragestellung erhoben worden ist – beispielsweise Anforderungen von Kunden hinsichtlich unterschiedlicher technischer Leistungsmerkmale von Autos – und diese Variablen für die Auswertung gebündelt werden sollen. Durch die Faktorenanalyse werden dann wenige „zentrale" Faktoren ermittelt, auf die sich die Vielzahl der betrachteten Einzelvariablen reduzieren lässt.

- **Clusteranalyse**

Durch die Clusteranalyse wird eine Bündelung von Untersuchungsobjekten ermöglicht. Die Objekte werden dabei so zu Gruppen (Clustern) zusammengefasst, dass die Objekte in einer Gruppe möglichst ähnlich und die Gruppen untereinander möglichst unähnlich sind. Dementsprechend kann eine Clusteranalyse beispielsweise bei der Marktsegmentierung verwendet werden. Auch sie trägt dazu bei, eine Vielzahl beobachtbarer Einzelobjekte (hier z. B. einzelne Konsumenten) auf wenige aggregierte Objekte zu reduzieren.

- **Multidimensionale Skalierung (MDS)**

Die multidimensionale Skalierung ermöglicht die Positionierung von Objekten im Wahrnehmungsraum von Personen. Dazu werden globale Ähnlichkeiten von bestimmten Untersuchungsobjekten erfragt und die diesen Ähnlichkeiten zu Grunde liegenden Wahrnehmungsdimensionen ermittelt. Die Objekte können dann in einem Dimensionsraum positioniert und – sofern man sich auf zwei Dimensionen beschränkt – auch grafisch auf so genannten „kognitiven Landkarten" dargestellt werden. Die multidimensionale Skalierung wird vor allem für Positionierungsanalysen eingesetzt[15].

- **Conjoint Measurement**

Das Conjoint Measurement besitzt insbesondere für die marktorientierte Gestaltung neuer Produkte Bedeutung. Das Verfahren basiert auf der Grundannahme, dass sich der Gesamtnutzen eines Produkts additiv aus den Nutzenbeiträgen der einzelnen Produktmerkmale zusammensetzt. Sein Ziel besteht dementsprechend darin, den Beitrag einzelner Merkmale von Produkten zum Gesamtnutzen, den ein bestimmtes Produkt stiftet, zu ermitteln. Zu diesem Zweck werden verschiedene Merkmale und Merkmalsausprägungen festgelegt und mithilfe eines speziellen Erhebungsdesigns abgefragt. Dieses ist meist so ausgestaltet, dass der Befragte verschiedene Bündel von Merkmalsausprägungen eines Produkts in eine Rangfolge bringen muss, wodurch in der Auswertung Rückschlüsse auf die Bedeutung einzelner Merkmale und Merkmalsausprägungen gezogen werden können. Legt man zudem bestimmte Annahmen über das Kaufverhalten der Kunden zu Grunde, so können anhand der Nutzenwerte Aussagen über die Kauf- und Erfolgswahrscheinlichkeiten einzelner Produktalternativen getroffen werden[16].

Durch die beschriebenen univariaten, bivariaten und multivariaten Verfahren werden die im Rahmen der Datenerhebung gesammelten Informationen gebündelt, verdichtet und miteinander in Beziehung gesetzt. Allerdings gelten die dabei gefundenen Ergebnisse zunächst nur für die in die Untersuchung einbezogenen Objekte. Ob die Ergebnisse in dem Sinne repräsentativ sind, dass sie auch auf die Grundgesamtheit der Untersuchung insgesamt übertragen werden können, muss erst noch untersucht werden. Dafür stehen unterschiedliche Methoden der induktiven Statistik zur Verfügung, auf die an dieser Stelle jedoch nicht näher eingegangen wird.

---

[15] Vgl. Meffert, H. (2008), S. 174.

[16] Vgl. Voeth, M. (2000), S. 31 ff.

4.2.4   Interpretation von Informationen

Der letzte Schritt des Informationsgewinnungsprozesses ist die Dateninterpretation. Ihr Ziel besteht darin, aus den erhobenen und mittels unterschiedlicher Verfahren ausgewerteten Daten die richtigen Schlussfolgerungen zu ziehen. Zu diesem Zweck sind zunächst die ermittelten Ergebnisse durch logische Überlegungen und einen Vergleich mit anderen Daten auf ihre Plausibilität zu prüfen; vor allem geht es aber darum, aus der Vielzahl der Ergebnisse die für die Beantwortung der Ausgangsfrage wichtigsten herauszufiltern und entsprechende Problemlösungsvorschläge bzw. Empfehlungen zu entwickeln.

Teilweise ergeben sich diese Schlussfolgerungen direkt aus der Datenauswertung. So können beispielsweise die mithilfe des Conjoint Measurement ermittelten Nutzenbeiträge einzelner Produktmerkmale sofort bei der Produktgestaltung berücksichtigt werden. In vielen Fällen wird aber nicht sofort deutlich, welche Schlussfolgerungen aus bestimmten Untersuchungsergebnissen gezogen werden können – insbesondere dann, wenn verschiedene Ergebnisse gegeneinander abgewogen werden müssen, sich (scheinbar) widersprechen oder nicht plausibel erscheinen. In diesem Fall sind weitere Analysen notwendig, um Widersprüche aufzuklären.

Da die gewonnenen Informationen sich zwangsläufig nur auf Gegenwart und Vergangenheit beziehen können, stellt sich darüber hinaus die Frage, welche Implikationen sich aus diesen Informationen für die Zukunft ableiten lassen. Wie bereits erwähnt, besitzt diese Frage für die Problemanalyse zentrale Bedeutung, da ja die Analysen erfolgen, um Entscheidungen zu treffen, die für die Zukunft gelten sollen. Also müssen auf der Basis der Analysen Prognosen erfolgen. Dafür stehen unterschiedliche Prognosemethoden zur Verfügung.

Herrscht nur eine geringe Unsicherheit über die Entwicklung der zu prognostizierenden Faktoren vor – ist also eine noch relativ plausible Vorhersage möglich –, sind **quantitative Prognoseverfahren** geeignet. Die einfachste quantitative Methode, um zukunftsgerichtete Schlussfolgerungen zu treffen, ist die so genannte **Trendfortschreibung**. Wie der Name sagt, werden bei dieser Methode Entwicklungen, die in der Vergangenheit beobachtet werden konnten, in die Zukunft fortgeschrieben. Wenn beispielsweise für einen wichtigen Einsatzstoff in der Vergangenheit eine bestimmte Preisentwicklung beobachtet werden konnte, so wird angenommen, dass sich diese Entwicklung auch in der Zukunft fortsetzt. Damit wird unterstellt, dass Ursachen und Bedingungen, die in der Vergangenheit zu einer bestimmten Entwicklung geführt haben, auch zukünftig weiter gelten.

Es ist offensichtlich, dass die Methode der Trendfortschreibung nur dann zu akzeptablen Ergebnissen führen kann, wenn sich ein Unternehmen in relativ stabilen Umfeldern bewegt. Aber auch dann können Trendbrüche auftreten, weil bestimmte Einflussgrößen sich unvorhergesehen verändern. Selbst in relativ stabilen Umfeldern sind Aussagen über die Zukunft immer mit Unsicherheit verbunden.

Kann die Annahme, dass Zusammenhänge aus der Vergangenheit auch in der Zukunft weiter gelten, nicht aufrechterhalten werden, ist es mithilfe quantitativer Verfahren nicht mehr möglich, sinnvolle Aussagen über die Zukunft zu treffen. In solchen Situationen bietet sich der

Einsatz von **qualitativen Prognoseverfahren** an. Damit meint man vor allem solche Verfahren, die sich auf das Urteil von Experten beziehen.

Ein solches Verfahren, das zur Prognose komplexer Zusammenhänge entwickelt wurde, ist die **Delphi-Methode** – ein mehrstufiges Befragungsverfahren mit Rückkopplung. Dabei versammeln sich mehrere Experten, die sich möglichst vorher nicht kennen, unter Vorsitz eines Moderators. Jeder Teilnehmer erhält eine Aufgabenstellung zum untersuchten Thema und gibt seine Prognose über die zukünftigen Ereignisse ab. Die Ergebnisse werden zusammengefasst, tabelliert und ausgewertet. Nach dieser ersten Runde erhält man ein voneinander unabhängiges Gruppenurteil, das den Teilnehmern vorgelegt wird. Nun sind die Teilnehmer in der zweiten Runde aufgerufen, in Kenntnis dieser Ergebnisse erneut Stellung zu beziehen und die eigenen Einschätzungen gegebenenfalls zu modifizieren. Nach einer erneuten Auswertung der Ergebnisse erhält man jetzt ein voneinander abhängiges Gruppenurteil. Erfahrungsgemäß sollten mindestens drei Befragungsrunden durchgeführt werden, bei stark divergierenden Antworten auch mehr[17]. So erhält man zwar keine modellartig quantifizierbaren Zusammenhänge, aber doch ein besseres Verständnis über jene Faktoren, die für die zukünftige Entwicklung relevant sein werden.

Als ein geeignetes Prognoseverfahren – auch in dynamischen Umfeldern – hat sich zudem die **Szenario-Technik** erwiesen. Unter einem Szenario versteht man ein Zukunftsbild, das auf einer Reihe von logisch zusammenpassenden Annahmen beruht. Szenarien sind dementsprechend alternative denkbare Zukunftsbilder[18]. Der Grundgedanke der Szenario-Technik ist, mögliche Zukunftsbilder zu entwickeln, die das Unternehmen und seine Umwelt beschreiben. Es soll aufgezeigt werden, wodurch alternative, denkbare Zukunftssituationen gekennzeichnet sind und wie man sich den möglichen Weg aus der Gegenwart in die Zukunft vorstellen muss. Dabei sollen Wirkungszusammenhänge, Abhängigkeiten und eventuelle Störereignisse sichtbar werden.

Zweck der Szenario-Technik ist es also nicht vorherzusagen, welche Zukunft und welches Ereignis auf dem Weg dorthin eintreten wird, sondern alternative Annahmen über die Entwicklung der Umwelt aufzuzeigen und zu überprüfen. So lassen sich dann Handlungsoptionen ableiten, um auch bei Eintreten des jeweiligen Szenarios erfolgreich zu sein. Um sich ein Bild von der zukünftigen Entwicklung in einem bestimmten Bereich zu machen, ist es allerdings nicht notwendig, eine große Zahl unterschiedlicher Szenarien zu entwerfen. Vielmehr genügen zwei bis drei alternative Bilder. Aus diesen drei Szenarien ergibt sich ein „Trichter", der das Spektrum zukünftiger Entwicklungsmöglichkeiten abdeckt.

Die Szenario-Technik kann insbesondere zur langfristigen Prognose globaler Entwicklungen eingesetzt werden. Ihr wesentlicher Vorteil besteht darin, dem Problemlösungsteam Wechselwirkungen zwischen einzelnen Größen zu verdeutlichen und sie von eindimensionalen Prognosen abzuhalten (Abbildung 4.9).

---

[17] Vgl. Berekoven, L., Eckert, W., Ellenrieder, P. (2006), S. 261 ff.

[18] Vgl. Hungenberg, H. (2008), S. 182 ff.

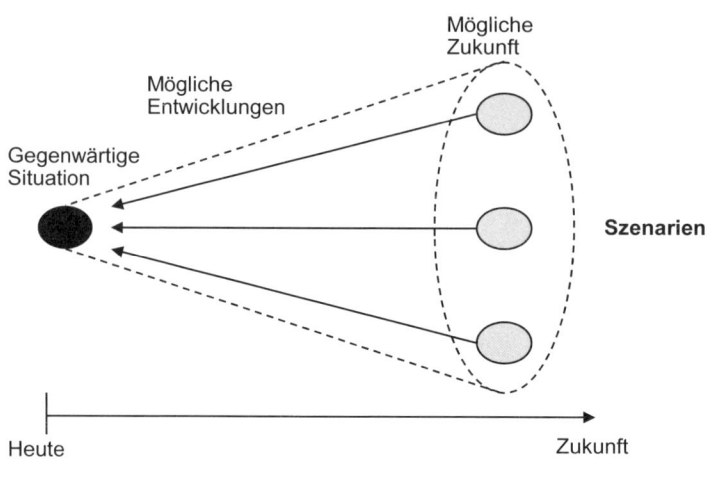

Abbildung 4.9: *Prinzipien der Szenario-Technik*

4.3   Einsatz von Analysetechniken

Neben den skizzierten Techniken zur Informationsgewinnung gibt es eine nahezu unbegrenzte Anzahl von betriebswirtschaftlichen Techniken (Instrumenten, Hilfsmitteln), die auf verschiedene inhaltliche Aspekte eines Problems ausgerichtet sind. Sie können im Rahmen von Problemlösungsprozessen eingesetzt werden, um die unterschiedlichsten Fragestellungen zu analysieren. Solche Techniken dienen im Kern dazu, die Ursachen von Problemen aufzudecken, diese im Detail zu verstehen und Lösungsmöglichkeiten für einzelne Probleme zu entwickeln.

Gemeinsames Merkmal aller Analysetechniken ist, dass sie für sich genommen noch keine Antworten liefern – sie sind zunächst „inhaltsleer". Allerdings helfen diese Techniken dabei, **die richtigen Fragen zu stellen** und diese systematisch zu beantworten – also: die notwendigen Inhalte zu entwickeln. Einzelne Analysetechniken dürfen daher niemals nur deswegen angewendet werden, weil „eine Stärken-/Schwächen-Analyse nun mal dazu gehört", wie Fred Klabuster es formulierte. Der Einsatz einzelner Techniken ist nur dann sinnvoll, wenn diese geeignet sind, Inhalte zu entwickeln, die bekannt sein müssen, um zu einer Problemlösung zu kommen. Ein Problemlösungsteam sollte daher stets so vorgehen, dass es sich fragt, ob und an welcher Stelle eine mithilfe einer bestimmten Technik durchgeführte Analyse für ihren Erkenntnisfortschritt sinnvoll ist, bevor es die Analyse angeht. Das Team muss nach dem **„so what"** der Analyse fragen. Die umgekehrte Vorgehensweise, eine Analysetechnik einzusetzen, „um zu sehen, was herauskommt", ist eine Verschwendung von Zeit und Ressourcen, die später an anderer Stelle fehlen werden.

Wie bereits gesagt, ist das Spektrum betriebswirtschaftlicher Analysetechniken so groß, dass es in diesem Buch auch nicht ansatzweise erschöpfend dargestellt werden kann – dies wäre zudem auch gar nicht seinem Zweck entsprechend. Um aber zumindest zu illustrieren, wie solche Techniken sinnvoll in einen Problemlösungsprozess eingebunden werden können, soll hier dennoch kurz auf die Analyse mithilfe betriebswirtschaftlicher Analysetechniken eingegangen werden. Unserem Beispiel folgend, erfolgt dies anhand der **Techniken für die Analyse strategischer Probleme**. Als strategisch bezeichnet man dabei ein Problem, dessen Lösung für den Erfolg oder Misserfolg eines Unternehmens von besonderer Bedeutung ist – das den Erfolg besonders stark beeinflusst[19].

Analyse der Unternehmens- vergangenheit	Analyse der Unternehmens- gegenwart	Analyse der Entwicklung	Gestaltung von Maßnahmen	Beurteilung von Konse- quenzen
ROI-Baum	Geschäftssystem	SCP-Modell	Strategisches Spielbrett	Economic Value Added
PIMS-Vergleich	Branchen- strukturmodell	Technologie- S-Kurve	BCG-Portfolio- Modell	Nutzwert- Analyse
…	Stärken-/ Schwächen- Analyse	Strategisches Dreieck	Zielkosten- Rechnung	…
	7-S-Modell	…	…	
	…			

Abbildung 4.10: *Ausgewählte Analysetechniken*

Techniken, die für die Analyse strategischer Probleme geeignet sind, können hinsichtlich ihrer Anwendungsgebiete wie in Abbildung 4.10 wiedergegeben systematisiert werden. Sie lassen sich jeweils einem dieser grundsätzlichen Anwendungsgebiete zuordnen – abhängig davon, ob sie primär:

- vergangene Leistungen und Zusammenhänge aufzeigen („Vergangenheit"),

- die interne oder externe Unternehmenssituation analysieren („Gegenwart"),

- Entwicklungsprozesse aus der Vergangenheit heraus darstellen und erklären („Entwicklungen"),

---

[19] Vgl. Hungenberg, H. (2008), S. 87 ff.

– zur Entwicklung von alternativen Problemlösungen beitragen („Maßnahmen") oder schließlich

– zur Beurteilung der Konsequenzen möglicher Problemlösungen dienen („Konsequenzen").

(1)   Analyse der Unternehmensvergangenheit

Die Analyse der Vergangenheit eines Unternehmens ist vor allem im Anfangsstadium der Problemanalyse zweckmäßig, damit Erkenntnisse über die vergangenen Leistungen eines Unternehmens gewonnen werden können. Am anschaulichsten drücken sich die vergangenen Leistungen des Unternehmens in seinen ökonomischen Ergebnissen aus. Für die Darstellung der ökonomischen Ergebnisse können sowohl verschiedenste Kennzahlen verwendet als auch ein PIMS-Vergleich durchgeführt werden. Um die vergangenen Leistungen so umfassend wie möglich aufzeigen und analysieren zu können, eignet sich das Instrument des ROI-Baumes (Abbildung 4.11).

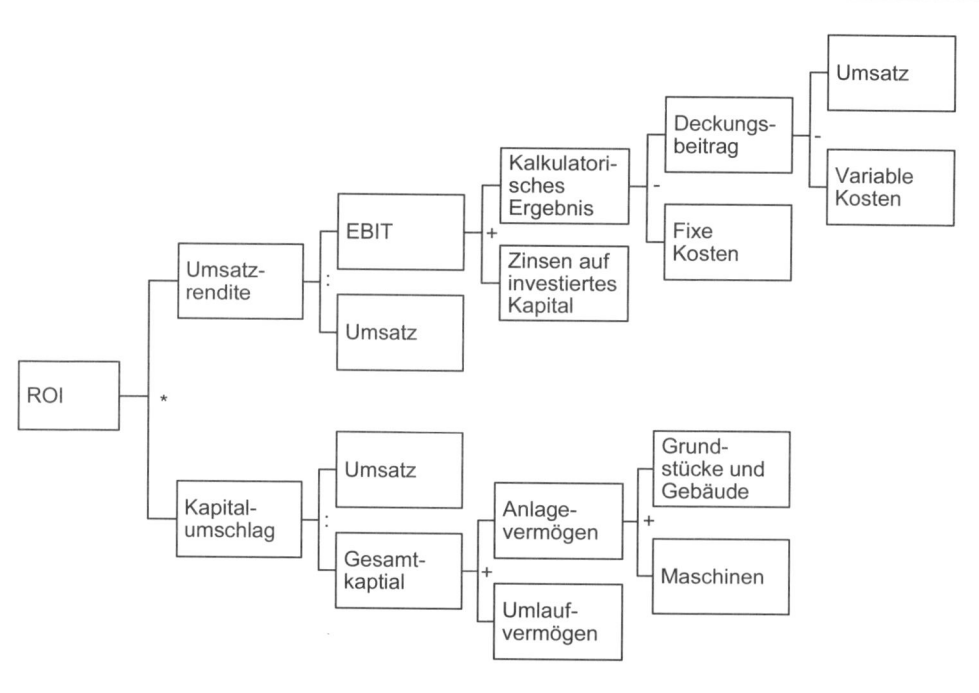

Abbildung 4.11: *ROI-Baum zur Analyse des Unternehmensergebnisses*

Ein ROI-Baum ist ein Logikbaum, der güterwirtschaftliche Komponenten des Unternehmensergebnisses in strukturierter Form darstellt. Er kann in der Problemanalyse auf der Basis externer Informationen (z. B. Geschäftsberichte) und interner Informationen (Rechnungswesen) erstellt werden[20].

Der Nutzen eines ROI-Baumes im Rahmen der strategischen Problemanalyse besteht darin, dass er den (vergangenen) güterwirtschaftlichen Erfolg eines Unternehmens in konsistenter und übersichtlicher Form darstellt und die möglichen Komponenten aufzeigt, die in positiver oder negativer Weise zum Erfolg beigetragen haben. Die Analyse des Ergebnisses und der Ergebniskomponenten gibt Hinweise darauf, wodurch eventuelle Ergebnisprobleme verursacht worden sind und zeigt Ergebnissteigerungspotenziale auf. Aus der Konfrontation der vergangenen Ergebnisse mit zukünftigen Planungen kann zudem besser eingeschätzt werden, ob Ziele bzw. Planungen eines Unternehmens realistisch sind.

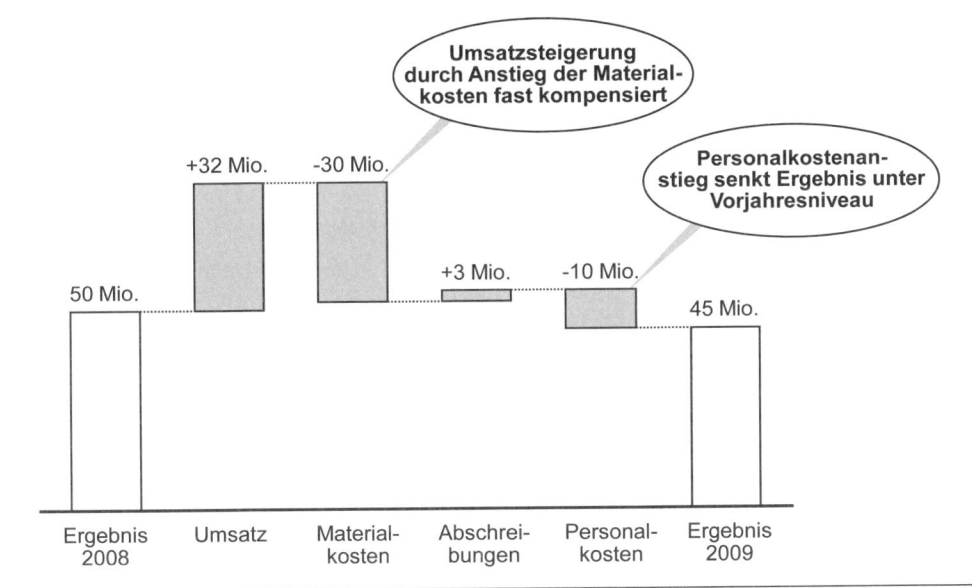

Abbildung 4.12: *Ergebnisüberleitungen und Veränderungsursachen*

Ein ROI-Baum kann im Grunde beliebig detailliert werden. So kann beispielsweise der Betriebsgewinn (EBIT) wie in Abbildung 4.11 dargestellt weiter in eine Ergebnisstruktur aufgespalten werden, die Umsatz- und Kostenkomponenten des Gewinns in detaillierter Form wiedergibt. Die Gliederung dieser Komponenten kann inhaltlich und hinsichtlich des Detaillierungsgrades je nach Untersuchungszweck unterschiedlich sein. Auf einer detaillierten Ergebnisstruktur aufbauend können dann auch so genannte **Ergebnisüberleitungen** entwickelt werden, die erklären, wie sich einzelne Ergebniskomponenten über die Jahre hinweg

---

[20] Vgl. ausführlich Hahn, D., Hungenberg, H. (2001), S. 184 ff.

entwickelt haben. Solche Ergebnisüberleitungen stellen die Ursachen von vergangenen Veränderungen besonders anschaulich dar (Abbildung 4.12).

(2)   Analyse der Unternehmensgegenwart

Neben der Analyse der Unternehmensvergangenheit sollte auch die gegenwärtige Situation des Unternehmens analysiert werden, um klare Erkenntnisse über die vielfältigen Einflussfaktoren zu gewinnen. Jedes Unternehmen operiert in einem bestimmten Umfeld und zeichnet sich durch vielfältige Ressourcen und Fähigkeiten aus, die individuell in den verschiedenen Funktionsbereichen eines Unternehmens eingesetzt werden. Für eine gute Problemlösung muss die Situation des Unternehmens verstanden werden. In der Regel wird dabei zwischen einer internen und einer externen Analyse unterschieden. Die Aufgabe der internen Analyse besteht vor allem darin, das Geschäftssystem eines Unternehmens zu verstehen. Einen ebenfalls wichtigen Aspekt stellen die Stärken und Schwächen eines Unternehmens dar, die es zu ermitteln gilt. Im Rahmen der externen Analyse soll vor allem die Struktur der Branche („Industrie"), innerhalb derer ein Unternehmen operiert, analysiert werden. Somit können einerseits Chancen aus dem Unternehmensumfeld erkannt werden und andererseits auf Risiken aufmerksam gemacht werden.

Sehr weit verbreitete Instrumente zur Beurteilung der internen Situation sind das Geschäftssystem, das 7-S-Modell und die darauf aufbauende Stärken-/Schwächen-Analyse. Für die externe Analyse wird häufig das Branchenstrukturmodell verwendet. Im Folgenden werden das Geschäftssystem für die Analyse der internen Situation und das Branchenstrukturmodell für die Analyse der externen Situation kurz vorgestellt.

Das so genannte **Geschäftssystem** (in ähnlicher Form auch Wertkette genannt) ist ein wichtiges Instrument, um die interne Situation eines Unternehmens zu analysieren. Es dient vor allem als Strukturierungshilfe zur Analyse der einzelnen Unternehmensfunktionen, ihrer Zusammenhänge und ihrer Erfolgsfaktoren[21]. Technisch gesprochen ist ein Geschäftssystem ein Flussdiagramm, das die Aktivitäten (die Wertschöpfungsstufen) eines Unternehmens in logischer Folge darstellt. Die Darstellung beginnt (links) mit der Forschung und Entwicklung, setzt dann an den Beschaffungsmärkten des Unternehmens an und endet (rechts) bei den Aktivitäten, die gegenüber den Kunden des Unternehmens erbracht werden (Abbildung 4.13). Zwischen diesen beiden Eckpunkten werden die übrigen Aktivitäten entsprechend ihrer logischen Beziehungen als vor- oder nachgelagerte Funktionen eingeordnet. So entsteht die Abbildung der wertschöpfenden Aktivitäten eines Unternehmens.

---

[21]   Vgl. Baur, C., Kluge, J. (2000), S. 135 ff.

	Entwick-lung	Beschaf-fung	Produk-tion	Marke-ting	Verkauf	Service
Merkmale	Funktion, Design, Image, ...	Einsatz-stoffe, Art der Belieferung, Ursprung Patent, ...	Einsatz-stoffe, Anlagen, Personal, Planung und Steuerung, ...	Preise, Distribu-tion, Kommu-nikation, ...	Kanäle, Transport, Lager, ...	Gewähr-leistung, Geschwin-digkeit, Preis, ...
Quellen von Wett-bewerbs-vorteilen	Hohe Qualität, gutes Produkt-image	Exklusive Bezugs-quellen für Material	Produk-tionsver-fahren	Breite Markt-/ Kunden-abdeckung	Exklusive Verkaufs-kanäle	24-Stunden-Service

Abbildung 4.13: Aufbau eines Geschäftssystems

Die Analyse des Geschäftssystems eines Unternehmens ist vor allem im Anfangsstadium einer strategischen Problemanalyse sinnvoll, wenn es darum geht, ein erstes Problemverständnis über das Unternehmen und „das Geschäft", in dem das Unternehmen operiert, aufzubauen. Die Geschäftssystemanalyse zeigt einerseits die Ausrichtung des untersuchten Unternehmens in seinen wesentlichen Funktionen. So können für jede einzelne Aktivität Aussagen über bestimmte quantitative Größen, wie z. B. Kosten oder Wertschöpfung, und über interessierende qualitative Merkmale des Unternehmens, wie z. B. Erfolgsfaktoren und mögliche Quellen von Wettbewerbsvorteilen, erfasst und analysiert werden, wodurch wesentliche Aspekte der internen Unternehmenssituation transparent werden. Andererseits kann im Rahmen einer Geschäftssystemanalyse das eigene Geschäftssystem denen der Wettbewerber gegenübergestellt werden, wodurch unterschiedliche Herangehensweisen an das gleiche Geschäft und unterschiedliche Stärken und Schwächen in den einzelnen Stufen des Geschäftssystems erkennbar werden.

Kehren wir kurz zu unserem Beispiel von Fred Klabuster zurück – wie könnte hier eine **Geschäftssystem-Analyse für das Unternehmen Bunsenbrenn** aussehen?

Sie müsste zunächst die wichtigsten Aktivitäten des Unternehmens zu einem (unternehmensspezifischen) Geschäftssystem zusammenfassen und dann untersuchen, welche Sachverhalte in den verschiedenen Stufen des Geschäftssystems besondere Beachtung verdienen. Das Ergebnis einer solchen Analyse könnte vereinfacht z. B. wie folgt aussehen:

Die Abteilung **Forschung und Entwicklung** scheint in der Lage zu sein, technologisch vollkommen neuartige Produkte hervorzubringen. Diese gelangen jedoch in der Regel mit Fehlern behaftet auf den Markt – wahrscheinlich deswegen, weil die technologische Neuheit der Produkte im Bereich der Produktion zu Schwierigkeiten führt. Es wäre zu prüfen, ob dieses Problem zukünftig durch eine frühzeitige Einbindung von Produktionsfachleuten in den Entwicklungsprozess gelöst werden könnte.

Der **Produktionsbereich** der Bunsenbrenn GmbH leidet zudem unter dem extrem vielfältigen Produktprogramm. Mehr als 80 % der Produkte sind Sonderanfertigungen, wodurch sich nicht nur das für die Produktion vorzuhaltende Materialspektrum stark vergrößert, sondern auch Probleme in der Kapazitätsauslastung auftreten.

Im **Marketing** scheint Bunsenbrenn eher einen Kostenfaktor als eine Investition in die Zukunft zu sehen. Entsprechend stiefmütterlich wird es auch behandelt. Es fehlt eine klare strategische Ausrichtung, ein globales Marketing ist nur in Ansätzen vorhanden und die Position des Marketingleiters ist nach wie vor unbesetzt.

Der **Vertrieb** der Brenner erfolgt über einen Außendienst. Die Mitarbeiter des Außendienstes sind Techniker, die sich in erster Linie als Berater der Kunden und weniger als Verkäufer verstehen. Ob diese Form der Außendienstorganisation für das Brennergeschäft überhaupt geeignet ist, wäre zu prüfen. Auch die Anreizsysteme und das Berichtswesen im Vertriebsbereich müssten überprüft werden.

Ein geeignetes Instrument zur Analyse der Branchenstruktur und ihrer Einflüsse auf ein Unternehmen ist das so genannte **Branchenstruktur-Modell**, das von Michael Porter entwickelt wurde.

Bei dem auch als „Five Forces" bekannten Modell handelt es sich im Prinzip um ein Analyseraster, mit dessen Hilfe die Struktur der Branche und die wesentlichen Einflussgrößen auf die Unternehmen dieser Branche systematisch erfasst und analysiert werden können. Im Allgemeinen werden fünf Einflussgrößen unterschieden, von denen in Summe die Attraktivität einer Branche bestimmt wird: die Marktmacht der Lieferanten und Abnehmer, die Bedrohung durch Ersatzprodukte und neue Anbieter sowie die Rivalität zwischen den bestehenden Wettbewerbern (Abbildung 4.14).

Die Ausprägungen dieser Einflussgrößen werden jeweils durch eine Reihe von Einzelfaktoren näher bestimmt. So wird beispielsweise die Lieferantenmacht, d.h. ihre Fähigkeit, höhere Preise zu fordern oder schlechtere Qualität zu liefern, unter anderem durch die Zahl der Zulieferer oder die Höhe der Umstellungskosten beeinflusst. Die Abnehmermacht, die sich in der Möglichkeit äußert, niedrigere Preise und bessere Qualität zu fordern, hängt von ähnlichen Faktoren ab. Die Bedrohung durch neue Anbieter, die die Kapazitäten in der Branche erhöhen und dadurch das Preisniveau drücken, wird unter anderem durch die Zugangsmöglichkeiten zu Vertriebskanälen oder den Kapitalbedarf für einen Markteintritt beeinflusst. Die Bedrohung durch Ersatzprodukte hängt z. B. vom relativen Preis-/Leistungsverhältnis der Produkte ab. Die Rivalität innerhalb der Branche schließlich wird unter anderem durch das Wachstum der Branche und die Höhe der verfügbaren Kapazitäten bestimmt[22].

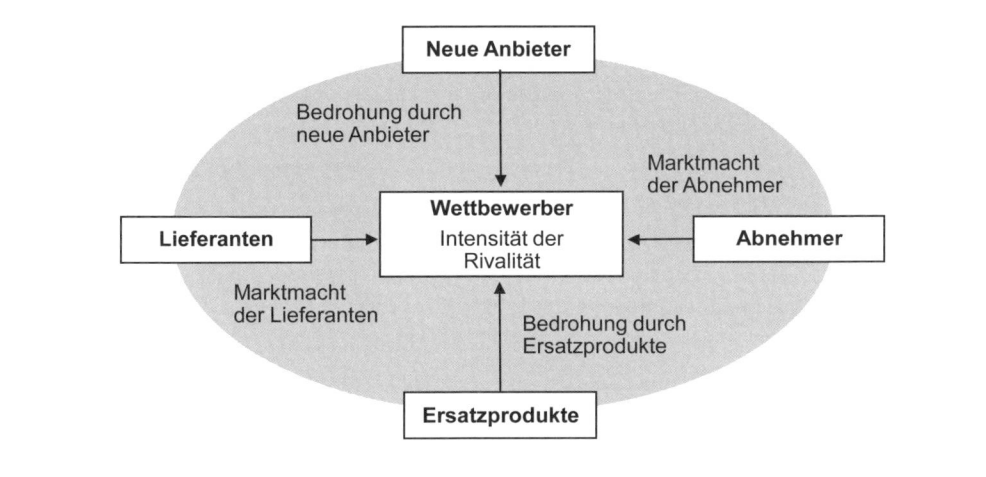

Abbildung 4.14: *Branchenstruktur-Modell zur Analyse der externen Situation*

Der Nutzen dieses Modells besteht darin, dass es eine systematische und vollständige Betrachtung der im Wettbewerb relevanten Faktoren sicherstellt. Aus diesem Grund erweist sich die Analyse der Branchenstruktur vor allem im Anfangsstadium der Problemanalyse als zweckmäßig, wenn es darum geht, die Branche zu verstehen, in der ein Unternehmen arbeitet, und zu simulieren, ob und wie die relevanten Gruppen – und hier vor allem die Wettbewerber – auf mögliche Veränderungen der eigenen Strategie reagieren werden. Das Branchenstruktur-Modell erlaubt es, Chancen und Risiken einzuschätzen, die sich am Markt ergeben, und ermöglicht es so, Erfolgspotenziale sowie Wege zur Umgehung von Risiken aufzuzeigen. So lässt sich beispielsweise erkennen, ob einer Branche durch Überkapazitäten oder geringes Wachstum ein verstärkter Preiswettbewerb droht oder ob die Abhängigkeit der Abnehmer von den Produkten des eigenen Unternehmens tendenziell zu Preiserhöhungen genutzt werden könnte.

---

[22]   Vgl. ausführlich Porter, M. (1980).

Auch für Fred Klabuster und sein Team wäre es wichtig, das wettbewerbliche Umfeld des Unternehmens Bunsenbrenn zu verstehen. Eine **Analyse des Wettbewerbsumfelds der Bunsenbrenn AG** auf Basis des Branchenstruktur-Modells erscheint daher sinnvoll. Dabei könnte folgende Situationsbeschreibung erarbeitet werden:

Der Markt für Schweißbrenner wird von vier Wettbewerbern beherrscht, die sich jedoch so positioniert haben, dass sie sich in ihren jeweiligen Marktsegmenten weitgehend aus dem Weg gehen. Die **Rivalität der (aktuellen) Wettbewerber** ist daher relativ gering. Allerdings erfordert die Produktion von Schweißbrennern erhebliche Investitionen in spezifische Infrastruktur – also in Produktionseinrichtungen, die nicht oder nur sehr schwer in andere Verwendungsrichtungen gelenkt werden könnten. Diese Investitionen binden die Wettbewerber an ihr Geschäft und verhindern, dass diese selbst bei negativer Ergebnisentwicklung den Markt verlassen würden. Diese Situation wird dann gefährlich, wenn einer der Anbieter die bisherige Marktaufteilung nicht mehr akzeptiert und aggressiv in „den Geschäften der anderen wildert".

Der hohe Investitionsbedarf wirkt sich aber auch auf die Wahrscheinlichkeit des **Eintritts neuer Wettbewerber** aus: er verringert sie.

Und auch eine **Substitution** von Schweißbrennern erscheint kaum möglich. Nur dann, wenn die Unternehmen, die Schweißbrenner einsetzen, ihre eigene Produktion umstellen – beispielsweise indem zunehmend Kunststoff verarbeitet wird –, gewinnen Ersatzprodukte ernsthaft an Bedeutung.

Die **Abnehmer** selber sind in dieser Branche in einer recht guten Position. Schweißbrenner sind für sie ein Produktionsmittel, das für die Qualität und die Kundenwahrnehmung ihrer eigenen Produkte vollkommen unbedeutend ist. Auch die Kosten der Brenner spielen für die Gesamtkosten der (End-)Produkte kaum eine Rolle. Zudem wäre es für die meisten Kunden möglich, von einem Brennerhersteller zum nächsten zu wechseln. Die Abnehmer befinden sich daher gegenüber den Herstellern von Schweißbrennern in einer recht guten Verhandlungsposition, die sie unter anderem nutzen, um ihre jeweiligen Sonderwünsche in Sonderanfertigungen durchzusetzen.

Gut für Bunsenbrenn ist allerdings, dass sich diese Merkmale spiegelbildlich auch auf die **Lieferanten** der Brennerhersteller übertragen lassen. Deren Verhandlungsmacht gegenüber den Produzenten von Schweißbrennern ist ebenfalls gering.

(3) Analyse von Entwicklungen

Die zukünftige Stellung eines Unternehmens im Wettbewerb wird nicht nur durch die gegenwärtige Situation bestimmt, sondern auch durch die Entwicklung der Branchenstruktur oder der genutzten Technologien. Um die ausgewählte strategische Alternative besser begründen zu können, ist es immer von Vorteil, diese Entwicklungen ebenfalls zu berücksichtigen. So wird sichergestellt, dass der Fokus der Analyse nicht nur auf dem jeweiligen Unternehmen in der gegenwärtigen Situation liegt, sondern auch Szenarien über mögliche Zukunftsbilder entwickelt werden. So können die gemachten Analysen aufgrund neuer Erkenntnisse angepasst werden und gegebenenfalls die Handlungsempfehlungen verbessert werden. Weit verbreitete Analyseinstrumente in diesem Zusammenhang sind das Structure-Conduct-Performance (SCP)-Modell, die Technologie-S-Kurve und das strategische Dreieck.

Mit dem SCP-Modell wird ausgehend von der gegenwärtigen Branchenstruktur analysiert, wie sich das Branchen- bzw. Wettbewerbsumfeld eines Unternehmens verändern wird und welche Auswirkungen diese Veränderungen voraussichtlich haben werden[23].

Das SCP-Modell analysiert die logischen Beziehungen zwischen der Branchenstruktur (Structure), dem Wettbewerberverhalten (Conduct) und den ökonomischen Ergebnissen des Wettbewerbs (Performance). Dabei wird angenommen, dass die Performance eines Unternehmens durch sein eigenes strategisches Verhalten und durch das Verhalten der Wettbewerber determiniert wird, wobei beide Verhaltensweisen wiederum entscheidend durch die Branchenstruktur bestimmt werden (Abbildung 4.15).

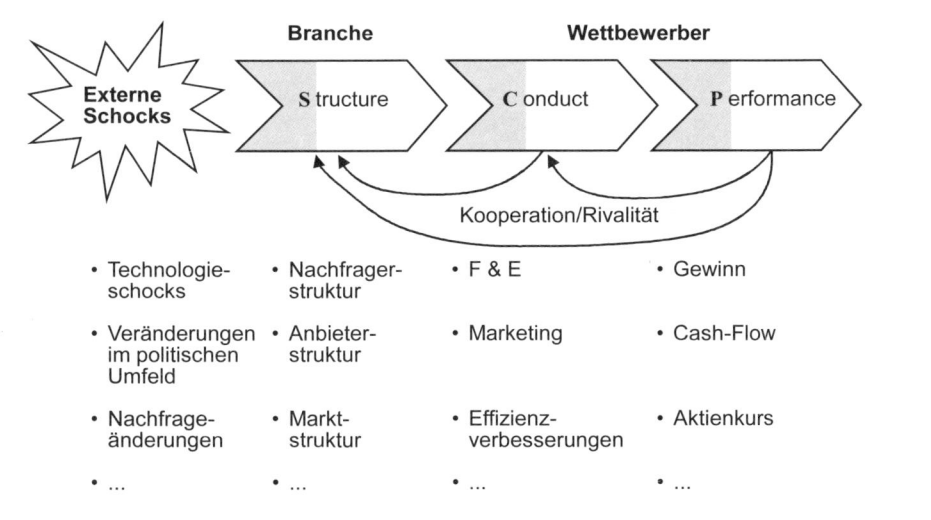

Abbildung 4.15: *SCP-Modell zur Analyse von Veränderungsprozessen*

Der Nutzen des SCP-Modells liegt darin, dass es die gegebenen logischen Beziehungen zwischen der Branchenstruktur, dem Verhalten einzelner Wettbewerber sowie der Wettbewerbsposition des eigenen Unternehmens aufzeigt. Hierauf aufbauend kann analysiert werden, inwieweit mögliche Veränderungen – so genannte „externe Schocks" – die Branchenstruktur, das Wettbewerberverhalten und folglich die Performance des Unternehmens beeinflussen. In diesem Rahmen können die verschiedensten ökonomischen Modelle, wie z. B.

---

[23] Vgl. ausführlich Scherer, F., Ross, D. (1990).

Nachfrage- und Angebotsmodelle, Modelle zur vertikalen Integration von Unternehmen und auch spieltheoretische Ansätze, genutzt werden, um die entsprechenden Wirkungsbeziehungen zwischen den Elementen des SCP-Modells herzustellen. Auch die Rückwirkungen einer veränderten ökonomischen Performance von Unternehmen auf das Unternehmensverhalten und die Branchenstruktur können analysiert werden. Auf dieser Basis können in einer dynamischen Perspektive auch die (qualitativen) Konsequenzen alternativer Strategien auf Wettbewerbsstruktur, Wettbewerberverhalten und letztlich auf die Wettbewerbsergebnisse untersucht werden.

(4)   Gestaltung von Maßnahmen

Aufbauend auf der Analyse der internen und externen Situation eines Unternehmens, die unter anderem mithilfe des Geschäftssystems oder des Branchenstruktur-Modells erfolgen kann, müssen im Rahmen der Problemanalyse Alternativen für die zukünftige strategische Ausrichtung eines Unternehmens entwickelt werden. Je nach Art der Problemlösung muss beispielsweise über eine Neuausrichtung des Unternehmensportfolios nachgedacht werden, die Wettbewerbsstrategie muss angepasst werden oder die Preise für Endprodukte müssen neu festgelegt werden. Natürlich sind noch mehr Alternativen für Unternehmen denkbar, die wiederum mit einer Vielzahl an Instrumenten (BCG Portfolio-Modell, Zielkostenrechnung, usw.) analysiert werden können. Ein Instrument, das bei der Formulierung und Auswahl von Wettbewerbsstrategien hilfreich sein kann, ist das so genannte strategische Spielbrett. Es dient dazu, Strategieoptionen zu generieren, die zu Wettbewerbsvorteilen gegenüber der Konkurrenz führen können[24].

Beim strategischen Spielbrett handelt es sich um eine dreidimensionale Matrix, die mithilfe von drei strategischen Kernfragen die prinzipiellen Möglichkeiten beschreibt, Wettbewerbsvorteile gegenüber Konkurrenten zu erzielen. So muss ein Unternehmen zunächst festlegen (erste Frage), welche Art von Wettbewerbsvorteil es anstrebt. Prinzipiell stehen zwei Möglichkeiten offen: ein Kundenbedürfnis besser (Differenzierung) oder billiger (Kosten-/ Preisführerschaft) als die Konkurrenz zu befriedigen. In der zweiten Dimension der Matrix muss die Frage beantwortet werden, wo der angestrebte Wettbewerbsvorteil erreicht werden soll – auf einem Teilmarkt, d.h. bei bestimmten Kundensegmenten oder in bestimmten Regionen, oder auf dem Gesamtmarkt. Drittens muss festgelegt werden, wie der angestrebte Vorteil erreicht werden soll. Bei der Entscheidung für ein „neues Spiel" wird eine neuartige Gestaltung des eigenen Geschäftssystems gewählt, um den angestrebten Wettbewerbsvorteil zu erreichen, während beim „bisherigen Spiel" die traditionell übliche Gestaltung des Geschäftssystems beibehalten wird (Abbildung 4.16).

---

[24]   Vgl. Feider, J., Schoppen, W. (1988), S. 675.

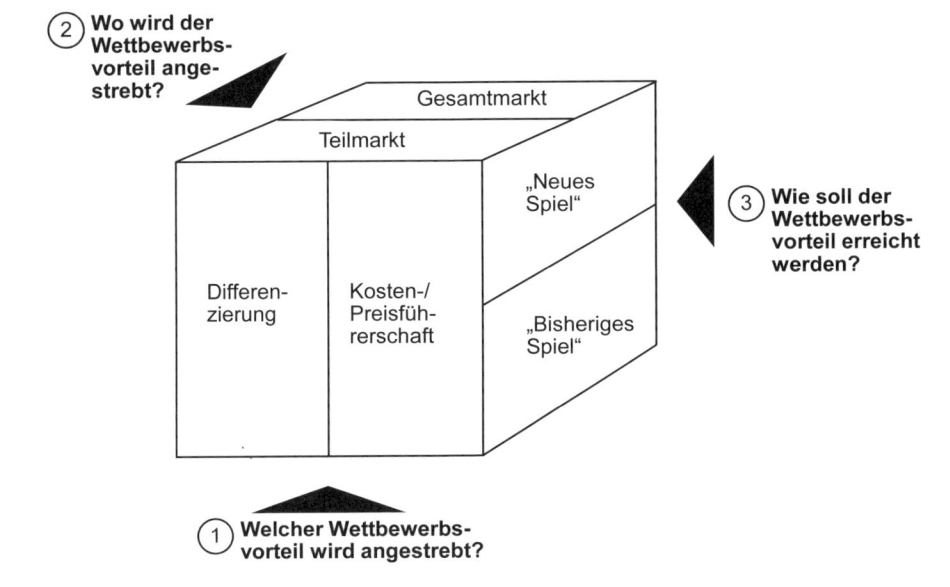

Abbildung 4.16: *Strategisches Spielbrett zur Entwicklung von Strategieoptionen*

Der Einsatz des strategischen Spielbretts bei der Strategieformulierung führt dazu, dass sich die Beteiligten auf die wesentlichen Fragestellungen konzentrieren und stimuliert gleichzeitig die Kreativität der Strategieentwicklung durch die neuartige Kombination unterschiedlicher Optionen. Dabei lassen sich auch bisher nicht verfolgte oder scheinbar abwegige Strategiealternativen näher beleuchten, bei denen in vielen Fällen nachträglich ein beachtliches Potenzial zum Erzielen von Wettbewerbsvorteilen erkannt wird. Letztendlich soll das strategische Spielbrett ein Unternehmen dabei unterstützen, diejenige Strategiealternative auszuwählen, die am ehesten geeignet ist, nachhaltige Wettbewerbsvorteile zu generieren.

(5)   Beurteilung von Konsequenzen

Sind Strategiealternativen entwickelt worden, müssen sie am Ende der Problemanalyse und der Lösungssuche mittels verschiedenster Kriterien beurteilt werden, damit eine oder mehrere Lösungsalternativen zur Realisierung ausgewählt werden können. Soll eine Alternative anhand mehrerer Kriterien bewertet werden, eignet sich vor allem die Nutzwertanalyse. Im Vordergrund bei der Beurteilung von Konsequenzen wird allerdings immer der finanzielle Nutzen stehen, der durch eine strategische Alternative generiert werden soll. Für die finanzielle Beurteilung existiert eine Vielzahl an Instrumenten. An dieser Stelle wird aber nur auf das Economic Value Added-Konzept eingegangen, da es ein weit verbreitetes und beliebtes Instrument in der Unternehmenswelt darstellt.

Der **Economic Value Added (EVA)** stellt eine absolute finanzielle Größe dar und wird auf Jahresbasis berechnet. Er entspricht dabei dem Residualgewinn, der sich aus der Differenz zwischen dem operativen Ergebnis (nach Steuern) und den Kapitalkosten ergibt (Abbildung 4.17).

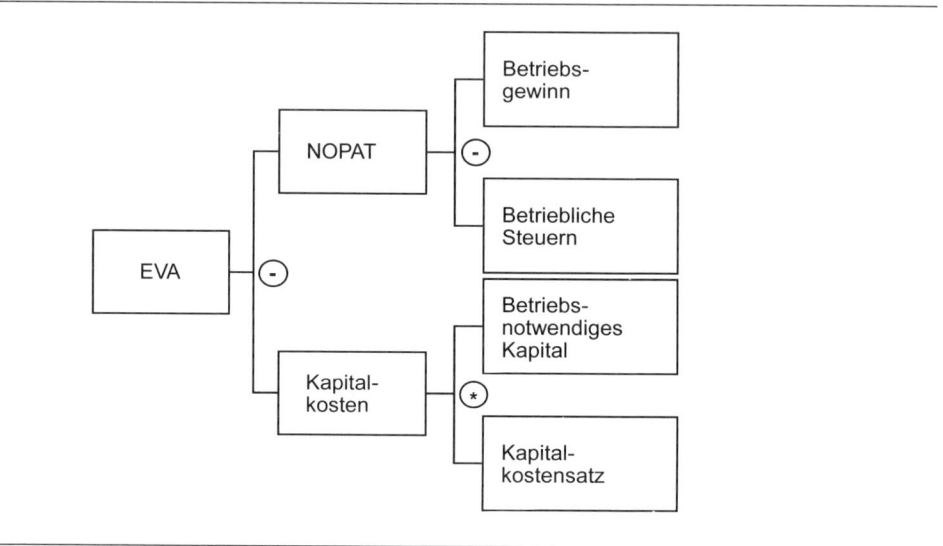

Abbildung 4.17: *Economic Value Added*

Kern dieses Konzeptes ist also die Gegenüberstellung einer Gewinngröße mit den Kapitalkosten eines Geschäftsfeldes bzw. einer strategischen Alternative. Die Gewinngröße (hier: NOPAT = Net operating profit after taxes) wird durch die Differenz zwischen dem Betriebsgewinn (EBIT) und den betrieblichen Steuern berechnet.

Für die Ermittlung der Kapitalkosten muss das betriebsnotwendige Vermögen mit einem Kapitalkostensatz multipliziert werden. Der Kapitalkostensatz ergibt sich als gewichtetes arithmetisches Mittel aus Eigen- und Fremdkapitalkosten – auch „weighted average cost of capital" (WACC) genannt[25].

Der EVA drückt die Veränderung des Wertes einer strategischen Alternative von einer Periode zur nächsten aus. Ist der EVA positiv, wird Wert geschaffen, ist er negativ, wird Wert vernichtet. Der große Nutzen des EVA besteht vor allem darin, dass er durch eine weitere Aufspaltung in einen Werttreiberbaum hinsichtlich der Quellen der Wertschaffung (oder Wertvernichtung) differenziert werden kann. Für das Management wird hierdurch unter anderem besser ersichtlich, durch welche Ansatzpunkte der EVA gesteigert werden kann.

---

[25] Für die Berechnung des WACC vgl. Hungenberg, H. (2008), S. 288 f.

Die **Nutzwertanalyse**, die auch als Punktbewertungs- oder Scoring-Modell bezeichnet wird, zielt darauf ab, eine größere Anzahl von Entscheidungsalternativen anhand von mehreren, nicht nur finanziellen Kriterien zu bewerten und entsprechend den Präferenzen des Entscheidungsträgers zu ordnen. Die Nutzwertanalyse ist ein besonders wichtiges Instrument der Problemanalyse. Dies liegt vor allem daran, dass sie sowohl quantitative als auch qualitative Kriterien berücksichtigt und zugleich den Entscheidungsprozess nachvollziehbar darstellt und dokumentiert – sie besitzt dementsprechend eine hohe Akzeptanz bei Entscheidungsträgern. Zudem ist die Nutzwertanalyse, wie in Kapitel 5 weiter dargestellt wird, ein besonders wichtiges Bindeglied zwischen Problemlösung und Problemkommunikation.

Die Nutzwertanalyse erfolgt in vier aufeinander aufbauenden Schritten: (1) Abgrenzung des Entscheidungsfelds, (2) Auswahl der Beurteilungskriterien und Festlegung der Kriteriengewichte, (3) Beurteilung der Alternativen und (4) Ermittlung der Nutzwerte für jede Alternative und Wahl derjenigen Alternative mit dem höchsten Gesamtnutzwert (Abbildung 4.18).

Ablauf Nutzwertanalyse:

1. Abgrenzung des Entscheidungsfeldes
2. Auswahl der Beurteilungskriterien und Festlegung der Kriteriengewichte
3. Beurteilung der Alternativen
4. Ermittlung der Nutzwerte für jede Alternative und Wahl derjenigen Alternativen mit dem höchsten Gesamtnutzwert

Beurteilungs-kriterien	Gewich-tungsfaktor	**Alternativen**			
		Schnallen-bindung		Schnür-bindung	
	g	x_1	$x_1 \cdot g$	x_2	$x_2 \cdot g$
Einfache Handhabung	0,3	4	1,2	3	0,9
Ansprechendes Design	0,3	4	1,2	3	0,9
Geringe Herstellkosten	0,2	2	0,4	5	1,0
Guter Halt im Schuh	0,2	5	1,0	3	0,6
Σ	1,0		3,8		3,4

Beste Alternative

Abbildung 4.18: Ablauf der Nutzwertanalyse

In einem ersten Schritt wird zunächst das **Entscheidungsfeld abgegrenzt**. Dazu ist das zu bewertende Problem zu definieren und die relevanten Alternativen sind zu bestimmen. Dabei wird die anfängliche, möglicherweise sehr große Anzahl von Entscheidungsalternativen reduziert, indem überprüft wird, ob vorab festgelegte Muss-Kriterien erfüllt werden oder nicht. Alternativen, die eines dieser Muss-Kriterien nicht erfüllen, scheiden von vornherein aus der weiteren Betrachtung aus. Durch diesen Grobfilter lässt sich der zeitliche und perso-nelle Bewertungsaufwand wesentlich verringern.

In einem zweiten Schritt gilt es festzustellen, welche (Soll-)Anforderungen für die anstehen-de Entscheidung wichtig und maßgeblich sind. Diese Anforderungen bestimmen die **Beur-teilungskriterien**, die technischer, wirtschaftlicher, sozialer oder auch ökologischer Natur sein können. Eine besondere Stärke der Nutzwertanalyse liegt darin, dass sowohl quantitative als auch qualitative Kriterien berücksichtigt werden können.

Bei der Festlegung der Entscheidungskriterien ist insbesondere zu beachten, dass die Ent-scheidungskriterien möglichst vollständig und trennscharf (MECE) sind. Dies bedeutet ei-nerseits, dass möglichst alle für die Entscheidungsträger relevanten Entscheidungskriterien in der Analyse betrachtet werden sollten. Nur so kann gewährleistet werden, dass die später ausgewählte Lösungsalternative den Zielen der Entscheidungsträger tatsächlich entspricht. Andererseits bedeutet dies, dass die Entscheidungskriterien sich inhaltlich nicht überschnei-den sollten. Überschneiden sich nämlich die Bewertungskriterien, kann es passieren, dass einzelne Beurteilungsaspekte mehrfach – und damit stärker als angemessen – berücksichtigt werden.

Des Weiteren sind im zweiten Schritt die **Kriteriengewichte** (g) festzulegen. Dadurch wird eine Präferenzordnung zwischen den Beurteilungskriterien hergestellt. Die Gewichtungsfak-toren können beispielsweise als Multiplikatoren von 1 (wenig wichtig) bis 5 (sehr wichtig) oder als Prozentangaben, deren Summe immer eins (100 %) ergeben muss, ausgestaltet sein. Hierbei ist vor allem darauf zu achten, dass die Gewichtung den tatsächlichen Bewertungs-maßstäben der Entscheidungsträger entspricht.

Im dritten Schritt der Nutzwertanalyse werden die Alternativen hinsichtlich der **Beurtei-lungskriterien bewertet** (x_1, x_2). Diese Bewertung kann z. B. mit Punktwerten von 1 (sehr schlecht) bis 10 (sehr gut), mit Schulnoten von 6 (ungenügend) bis 1 (sehr gut) oder in Form eines Rankings vorgenommen werden. Dabei ist beim Vorgehen strikt darauf zu achten, dass die Kriteriengewichtung und die Skala zur Alternativenbewertung gleichgerichtet sind. Ins-besondere bei der Beurteilung von qualitativen Zielkriterien ist es zweckmäßig, subjektive Einschätzungen durch die Einbindung von Experten oder Kunden soweit wie möglich abzu-sichern.

In einem letzten Schritt sind die **Gesamtnutzwerte** für die einzelnen Alternativen zu berech-nen. Dazu sind erstens die Kriteriengewichtungen mit den jeweiligen Alternativenbewer-tungen zeilenweise zu multiplizieren ($g*x_1$, $g*x_2$) und zweitens die Multiplikationsergebnisse für jede Alternative spaltenweise zum Gesamtnutzwert zu addieren. Am vorteilhaftesten ist die Alternative mit dem höchsten Gesamtnutzwert[26].

---

[26]   Vgl. Vahs, D., Burmester, R. (2005), S. 205 ff. und Hahn, D., Hungenberg, H. (2001), S. 61 ff.

4.4 Kreativität in der Problemanalyse

Die Problemanalyse ist ein Produkt des Zusammenspiels unterschiedlicher Erfolgsfaktoren: von Fachwissen und Instrumenten, Motivation und Kreativität. Das Gewicht dieser Erfolgsfaktoren kann in einzelnen Problemlösungsprozessen durchaus unterschiedlich sein – stets muss jedoch von jedem der Faktoren zumindest etwas vorhanden sein, um eine vernünftige Problemlösung entwickeln zu können. Neben einem gewissen Maß an Fachwissen und Motivation sowie einem sinnvollen Einsatz von Analyseinstrumenten wird die Qualität einer Problemlösung also auch stets von der Kreativität des Problemlösungsteams bestimmt.

Der Begriff Kreativität leitet sich vom lateinischen Verb „creare" ab – das heißt erzeugen, Neues schaffen, schöpfen. Kreativität wird daher allgemein als eine Art „schöpferische Kraft" verstanden, die sich im Unterschied zum rein analytischen Denken dadurch auszeichnet, dass sie neue Aspekte und Ansätze für Problemlösungen schafft. Anders ausgedrückt: Eine kreative Problemlösung ist in einzelnen (wesentlichen) Teilaspekten oder sogar in ihrer Gesamtheit neu[27].

Es gibt viele Überlegungen dazu, wodurch Kreativität hervorgerufen wird. Manche halten sie für „die Gabe einer guten Fee"; andere meinen, dass man Kreativität wie Rad fahren lernen kann. Und auch die Beziehung zwischen der Intelligenz einer Person und ihrer Kreativität ist unklar: Es gibt viele intelligente Leute, die nie kreativ geworden sind, und mindestens genauso viele weniger intelligente Leute, die hoch kreativ sind. Es erscheint deswegen zunächst sinnvoll, davon auszugehen, dass jeder Mensch über ein kreatives Potenzial verfügt. Wovon aber hängt es ab, ob der Einzelne dieses Potenzial auch wirklich ausnutzt? Über welche Eigenschaften und Fähigkeiten sollte der Einzelne verfügen und wie sollte er vorgehen, um seine schlummernde Kreativität zum Leben zu erwecken?

Zunächst gibt es bestimmte Merkmale, die in der Person des Einzelnen liegen, und allgemein als kreativitätsfördernd gelten. **Offenheit gegenüber der Umwelt** ist so eine Eigenschaft, da sie es ermöglicht, die in der Umwelt enthaltenen Reize und Impulse aufzunehmen und als Initiatoren für neue Denkprozesse zu nutzen. Weiterhin hilft **Problemsensibilität** dabei, offensichtliche Gegebenheiten und Selbstverständlichkeiten zu hinterfragen, um neuartige Probleme und Veränderungsmöglichkeiten zu erkennen. Auch **gedankliche Flexibilität** ist wichtig, da sie hilft, Probleme aus den unterschiedlichsten Blickwinkeln zu betrachten und die einzelnen Elemente eines Problems losgelöst von bekannten Lösungsmustern zu kombinieren. So wird die Sicht für neue Lösungswege offen gehalten.

Neben diesen Persönlichkeitsmerkmalen ist für eine erfolgreiche Problemlösung auch ein **kreatives Umfeld** notwendig, das die handelnden Personen dazu ermutigt, ihr kreatives Potenzial weitestgehend auszuschöpfen. Ein kreatives Umfeld kann vor allem durch eine innovationsfreundliche Unternehmenskultur unterstützt werden, die dem Einzelnen Handlungsspielräume für schöpferisches Handeln lässt, einen ungezwungenen Umgang untereinander fördert und einen möglichst ungehinderten Informations- und Kommunikationsfluss

---

[27] Vgl. De Bono, E. (2000), S. 5 ff.

sichert. Eine wichtige Rolle spielt in diesem Zusammenhang auch eine **kreativitätsfördernde Denkhaltung**. Sie zeichnet sich dadurch aus, dass sie offen für Neues ist und zulässt, ja fordert, dass Althergebrachtes in Frage gestellt wird. Charakteristisch für diese Denkhaltung ist, dass so genannte „Killerphrasen" unterbleiben, wie etwa:

„ ... das wird auf keinen Fall funktionieren",

„ ... das ist mein Bereich, davon verstehen Sie nichts",

„ ... in der Theorie mag das stimmen, aber ...",

„ ... ich weiß einfach, dass das nicht klappt",

„ ... ich glaube einfach nicht Ihren Zahlen",

„ ... das haben wir schon immer so gemacht",

„ ... das haben wir noch nie so gemacht",

„ ... da könnt' ja jeder kommen".

Eine Denkhaltung, wie sie in solchen Redewendungen zum Ausdruck kommt, wäre das Ende jeder kreativen Arbeit. Es ist deshalb eine der wichtigsten Aufgaben derjenigen, die für das Management eines Problemlösungsprozesses verantwortlich sind, dafür zu sorgen, dass solche Denkweisen oder gar Äußerungen unterbleiben. Nur so kann ein kreatives Umfeld als notwendige (wenn auch nicht hinreichende) Voraussetzung für kreative Problemlösungen geschaffen werden.

Natürlich entstehen auch in einem solchen Umfeld die Ideen, die man später als kreativ bezeichnen würde, nicht von selbst. Zumindest sollte man sich nicht darauf verlassen. Es ist daher sinnvoll, dem Problemlösungsteam durch die Anwendung so genannter **Kreativitätstechniken** „auf die Sprünge zu helfen". Grundidee aller Kreativitätstechniken ist, kreativitätsfeindliche Rahmenbedingungen abzuschwächen und so ein Klima zu schaffen, das die Freisetzung des kreativen Potenzials der Teilnehmer unterstützt.

Den meisten Kreativitätstechniken liegt ein **Grundschema des kreativen Prozesses** zu Grunde, das sich in drei Phasenabschnitte untergliedert. In der „logischen Phase", der Vorbereitungsphase, erfolgt eine vorwiegend rationale Auseinandersetzung der Teilnehmer mit dem zu lösenden Problem. Diese Phase soll eine zielorientierte Betrachtung des Problems und der Lösungsansätze gewährleisten und sicherstellen, dass die Teilnehmer ihre Problemlösungsroutinen ablegen und sich gedanklich gegenüber neuen Problemlösungsansätzen öffnen. Die „**intuitive Phase**" ist die eigentliche kreative Phase, bei der die bewusste, routinemäßige Ebene verlassen und das Problem auf der unbewussten Ebene intuitiv weiterverarbeitet wird. Dieser Phasenabschnitt endet mit dem Entdecken einer oder mehrerer Problemlösungsideen. In der dritten Phase, auch „**kritische Phase**" genannt, werden die Problemlösungsideen schließlich anhand verschiedener Bewertungskriterien (z. B. ökonomische, produkt- und verfahrenstechnische, absatzwirtschaftliche Kriterien) auf ihre Problemlösungswirkung hin überprüft. Diese Phase, die kritische Phase der Ideenbewertung, muss unbedingt getrennt von der Ideengenerierungsphase erfolgen, um nicht sofort jede neuartige Idee zu „zerreden".

Es gibt heute eine kaum überblickbare Vielzahl von Kreativitätstechniken, die in der Praxis mehr oder weniger verbreitet sind und mehr oder weniger erfolgreich eingesetzt werden. Sie zielen entweder schwerpunktmäßig darauf ab, die Intuition zu verstärken oder die Kreativität durch ein systematisch-analytisches Vorgehen zu fördern. Zu den bekanntesten **intuitiv-kreativen Techniken** zählen das Brainstorming, die Methode 635, die Kartenabfragetechnik, die Synektik und das Mind Mapping. Letzteres ist eine individuelle Methode, während die anderen Techniken in der Gruppe ausgeführt werden. Bei den **systematisch-analytischen Methoden**, die im Gegensatz zu den intuitiv-kreativen Methoden nicht das Problem als Ganzes betrachten, sondern es zunächst in seine Teileelemente zerlegen und durch anschließende Kombination und Variation der Elemente nach neuen Lösungsansätzen suchen, ist vor allem die Morphologische Analyse hervorzuheben[28]. Auf diese Kreativitätstechniken wird im Folgenden daher näher eingegangen.

- • **Brainstorming**

Das Brainstorming ist eine sehr einfache Methode, die Kreativität eines Problemlösungsteams zu steigern. Sie zielt im Kern darauf ab, kreativitätsfördernde Diskussionsbedingungen zu schaffen und das Denkvermögen durch Assoziation zu steigern. Dies geschieht, indem während einer Teamdiskussion ein zeitlich begrenzter Teil der Diskussion bewusst als „Brainstorming-Phase" deklariert wird, innerhalb derer die Teilnehmer unter Beachtung bestimmter Spielregeln Ideen entwickeln sollen. Diese Spielregeln sind:

- Quantität (von Ideen) geht vor Qualität;

- auch (auf den ersten Blick) unsinnige Ideen sind zulässig;

- Kritik an den Ideen anderer ist unzulässig;

- Weiterentwickeln der Ideen anderer ist willkommen.

Oft wird auf diesem Weg erreicht, dass sehr schnell eine Vielzahl von Ideen gewonnen wird, unter denen sich auch einige finden, auf die das Problemlösungsteam unter normalen Diskussionsbedingungen nicht gekommen wäre. Vor allem die Tatsache, dass Kritik an Ideen anderer („ ... ja, aber ... ") unterbleibt, kann typische Denkblockaden beseitigen. Die Schwierigkeit der Methode liegt genau darin, diese und die anderen Spielregeln durchzusetzen. Meist ist hierzu ein geübter Moderator erforderlich. Dies gilt vor allem in schwierigen (d.h. konfliktträchtigen) Gruppensituationen. So ist es beispielsweise denkbar, dass ein dominanter Teilnehmer versucht, das Ergebnis der Sitzung in eine bestimmte Richtung zu lenken, oder aber dass aufgrund der fehlenden Anonymität Hemmungen bestehen, auf den ersten Blick „verrückte" Ideen vor der gesamten Gruppe zu äußern.

---

[28]   Vgl. ausführlich z. B. Schlicksupp, H. (1988), S. 691 ff. und Higgins, J., Wiese, G. (1996).

- **Methode 635**

Die Methode 635 ist eine Variante des Brainwriting und in diesem Sinne stärker formalisiert als das Brainstorming. Es steht nicht die mündliche Mitteilung im Vordergrund, sondern das spontane schriftliche Festhalten von möglichst vielen Ideen. Negative Einflüsse anderer Teilnehmer und des Moderators sollen dadurch soweit wie möglich vermieden werden.

Bei der Methode 635 entwickeln „6" Teilnehmer je „3" Ideen in „5" Minuten. Diese Ideen werden jeweils an den nächsten Teilnehmer weitergereicht, der auf der Basis der ersten Einfälle eines anderen Teilnehmers drei weitere (neue oder weiterentwickelte) Ideen formuliert. Dieser Prozess wird solange wiederholt, bis jeder Teilnehmer zu den Grundideen jedes anderen Teilnehmers drei eigene Vorschläge entwickelt hat. In einer relativ kurzen Zeit (30 Minuten) kann auf diesem Wege eine hohe Anzahl problemrelevanter Ideen entwickelt werden.

Ziel der Methode 635 ist es, die Vorteile von Einzel- und Gruppenarbeit zu kombinieren. Dies erfolgt in einem sehr effizienten, weil strukturierten Prozess, der explizit dazu zwingt, fremde Ideen aufzugreifen. Diese Kreativitätstechnik kann eher als das Brainstorming auch in schwierigen Gruppensituationen zur Anwendung kommen. Dies gilt jedoch nur insofern, als (sachliche) Verständigungsprobleme zwischen den einzelnen Teilnehmern ausgeschlossen werden können, da diese angesichts der fehlenden Kommunikation nicht geklärt werden könnten. Das schriftliche Fixieren der Ideen führt jedoch in vielen Fällen zu weniger kreativen Ideen als beim Brainstorming, da eine geringere gegenseitige Anregung der Teilnehmer möglich ist.

- **Kartenabfragetechnik**

Die Kartenabfragetechnik zählt ebenso wie die Methode 635 zu den Brainwriting-Methoden. Bei der Kartenabfragetechnik werden die Ideen zunächst von den einzelnen Teilnehmern auf Moderationskarten schriftlich fixiert, um Störeinflüsse anderer Gruppenteilnehmer auszuschließen. Je eine Idee wird auf einer Moderationskarte festgehalten; die Anzahl der Karten wird vorher begrenzt. Der Moderator sammelt die Karten anschließend ein, mischt diese und trägt die Ideen einzeln vor. Die Strukturierung der Ideen erfolgt gemeinsam mit den Teilnehmern. Während dieser Strukturierungsphase sind auch Ergänzungen möglich.

Die Kartenabfrage kann je nach Problemlage unterschiedlich eingesetzt werden, entweder als einfache, doppelte oder dreifache Kartenabfrage. Bei der einfachen Kartenabfrage müssen die Teilnehmer Lösungen zu nur einer Problemstellung finden (z. B. „Was muss am Kundenservice verbessert werden?"). Bei der doppelten sowie dreifachen Abfrage werden den Teilnehmern verschieden farbige Moderationskarten vorgelegt, auf denen die Ideen für die unterschiedliche Problemstellung festgehalten werden (z. B. dreifache Kartenabfrage: „Was wollen wir kurzfristig (grüne Karte), mittelfristig (rote Karte) und langfristig (gelbe Karte) tun?").

Die Kartenabfragetechnik eignet sich vor allem für Problemlösungsprozesse, bei denen sich jeder Teilnehmer zunächst bewusst allein oder auch zu zweit mit der Fragestellung auseinander setzen soll und eine anonyme Ideenentwicklung erwünscht ist. Diese Methode ist daher auch für schwierige Gruppensituationen geeignet; sich oft als störend erweisende Teamhierarchien werden ausgeschaltet und dominante Teilnehmer gebremst. Die entscheidende Schwachstelle dieser Technik ist allerdings, dass während der Ideensammlungsphase keine gegenseitige Anregung stattfinden kann.

- **Synektik**

Die Synektik ist eine Methode, die kreative Lösungen über eine systematische Verfremdung des Problems hervorzubringen sucht. Ziel dieser Methode ist es, einerseits das Fremde bekanntzumachen, andererseits soll das Bekannte verfremdet und so weiterentwickelt werden.

Ausgangspunkt der Synektik ist die Problementfremdung durch die Bildung von Analogien. Über die Verfremdung wird es möglich, nicht vordergründig erkennbare Beziehungen und Strukturen zwischen Objekten, Produkten und Personen aufzuzeigen. Damit gelangt man in völlig neue Sachbereiche, aus denen man Wissen und Lösungen ziehen kann. Zum Schluss wird geprüft, ob die Lösungen, die im Analogiebereich verwendet werden, auch auf den eigentlichen Untersuchungsbereich übertragen werden können. So entstehen oftmals neuartige Lösungsansätze.

Mithilfe der Synektik könnte man zum Beispiel eine innovative Lösung zu folgender Frage finden: „Wie kann dafür gesorgt werden, dass Mitarbeiter eine technische Anlage nur mit Schutzhelm betreten?"[29] Im Team würde man zunächst im Brainstorming spontane Lösungen erarbeiten, wie z. B. Warnschilder, Androhung von Strafen, Kameraüberwachung oder ähnliches. Im nächsten Schritt würde dann die Entfremdung des Problems stattfinden, d. h. man würde Analogien sammeln. Solche Analogien könnten unter anderem aus der Technik kommen, wie z. B. eine Hundeleine oder ein Sicherheitsgurt.

Um die Analogie auf das Problem zu übertragen, muss diese dann auf das ihr zu Grunde liegende Prinzip analysiert werden. So ist zum Beispiel eine Hundeleine eine feste Verbindung zwischen Herr und Hund. Ein im Zusammenhang mit dem Sicherheitsgurt stehendes Prinzip lautet, dass im Idealfall ein Auto erst dann startet, wenn solch ein Gurt angelegt ist. Im letzten Schritt würde man schließlich die Prinzipien aus den Analogien auf das eigentliche Problem übertragen. Aus der Hundeleine würde zum Beispiel eine Kette, mit der der Schutzhelm am Arbeitsanzug befestigt ist und aus dem Sicherheitsgurt würde ein Sender im Helm, der die Tür zur Anlage erst dann öffnet, wenn sich der Helm auf dem Kopf des Mitarbeiters befindet.

Die Synektik ist zwar ein methodisch anspruchsvolles und zeitintensives Verfahren, liefert jedoch oft sehr nützliche Ergebnisse. Ihr Hauptproblem ist, dass es manchen Teilnehmern nicht gelingt, sich von den bekannten Objekten zu lösen. Sie lehnen sich unbewusst gegen die Verfremdung auf. Die Akzeptanz dieser Methode erhöht sich jedoch meist mit zunehmender Wiederholung.

---

[29] Hentze, H., Müller, K.-D., Schlicksupp, H. (1990), S. 96 ff.

- **Mind Mapping**

Das Mind Mapping kann als Brainstorming einer Einzelperson beschrieben werden. Ziel dieser Technik ist es, möglichst viele Ideen zu produzieren und deren Beziehungen zueinander zu erkennen. Die Qualität der Ideen bleibt dabei zunächst unbeachtet.

Zu diesem Zweck wird das zu untersuchende Problem in die Mitte eines Blatt Papiers geschrieben. Dann werden die einzelnen Aspekte des Problems identifiziert und als „Hauptstraßen" auf dem Papier eingetragen. Jede dieser „Hauptstraßen" wird dann einem eigenen Brainstorming unterzogen. Die sich ergebenden Ideen stellen von den „Hauptstraßen" ausgehende Verzweigungen dar, sie sind die „Nebenstraßen". Hinter dieser Methode verbirgt sich der Grundsatz: vom Allgemeinen zum Speziellen. Endergebnis ist schließlich die „Mind Map" (siehe Abbildung 4.19).

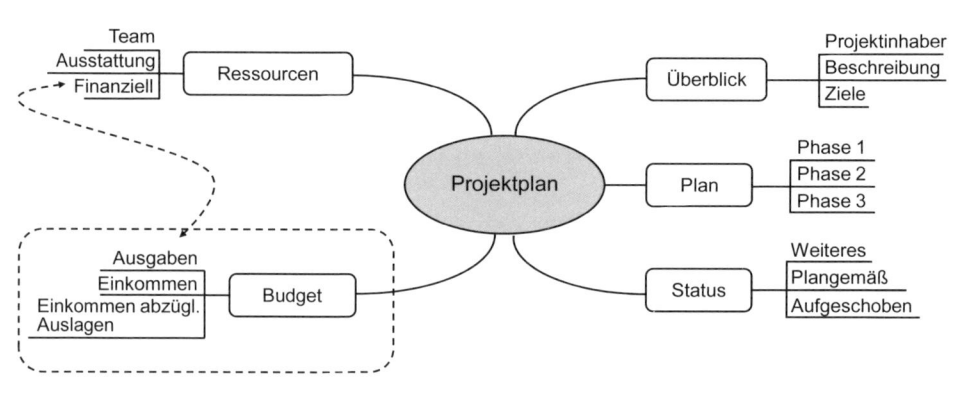

Abbildung 4.19: *Beispiel einer Mind Map[30]*

Das Mind Mapping ist eine einfach zu erlernende Methode, mit der schnell produktive Ergebnisse erzielt werden können. Ihre Kunst besteht in erster Linie darin, Einfälle richtig zu formulieren und sie im passenden Sinnzusammenhang in die visuelle Darstellung zu integrieren. Zum Mind Mapping gibt es auch zahlreiche Computerprogramme.

- **Morphologische Analyse**

Die Morphologische Analyse zählt zu den systematisch-analytischen Methoden. Unter Morphologie versteht man die Lehre von den Gestalten und Formen eines Sachbereichs. Bei der Morphologischen Analyse wird ein festgelegter Sachbereich systematisch, vollständig und überschneidungsfrei nach allen denkbaren Merkmalen gegliedert. Durch Kombination der

---

[30]   Vorlage aus dem Programm *Mindmanager*®.

verschiedenen Ausprägungen dieser Merkmale sollen dann neuartige Problemlösungen generiert werden.

Die Morphologische Analyse kann von einem einzelnen Teilnehmer oder in der Gruppe ausgeübt werden. Wird sie als Gruppenarbeit durchgeführt, vollzieht sie sich in der Art einer Brainstorming-Sitzung. Die Darstellung sämtlicher Merkmale und ihrer Ausprägungen erfolgt in einer Matrix, dem so genannten **„Morphologischen Kasten"**. Die verschiedenen Merkmale werden zeilenweise untereinander angeordnet, in den Spalten befinden sich die Ausprägungen der einzelnen Merkmale. Eine bestimmte Lösung ist dann ein Linienzug (ein Profil), der von oben nach unten durch je eine Ausprägung der einzelnen Merkmale gezogen wird (Abbildung 4.20).

Parameter	Ausprägungen				
	1	2	3	4	5
Material	Glas	Stahl	Kunststoff	Textil	Holz
Betätigung	elektrisch	mechanisch	pneumatisch	hydraulisch	
Aufbauprinzip	Cabriolet	Hardtop	Verdeck	Schiebedach	
Öffnungsprinzip	Faltdach	Rollo	Lamellen	Klappdach	
Schutzfunktion	Sonne	Regen	Steinschlag	Kälte	Lärm

Abbildung 4.20: *Morphologischer Kasten für das Beispiel „Autodachöffnungen"*

Der Wert der Morphologischen Analyse liegt vor allem im Analyseprozess, weniger im Ergebnis. Durch die Diskussionen um die Notwendigkeit bestimmter Merkmale und ihrer jeweiligen Ausprägungen werden die Teilnehmer gegenseitig zum Nachdenken angeregt und es wird neues kreatives Potenzial freigesetzt. Auf der anderen Seite ist gerade diese vollständige Problemanalyse relativ aufwändig und erfordert zudem ein problembezogenes, umfassendes Fachwissen.

Für einen kreativen Problemlösungsprozess gibt es kein Patentrezept. Kreativitätstechniken sind zwar generell hilfreich, die Suche nach neuen Ideen zu unterstützen, welche Technik jedoch im konkreten Anwendungsfall eingesetzt werden soll, hängt von der Situation ab. So sind in der Anfangsphase eines Problemlösungsprozesses eher intuitive Methoden angebracht, in der Schlussphase dagegen eher analytische Methoden. Intuitive Verfahren, die eine gewisse Formalisierung aufweisen (z. B. Methode 635), eignen sich vor allem in einer „festgefahrenen" Situation – wenn es bereits zu Konflikten im Problemlösungsteam gekommen ist.

Ob in einem Problemanalyseprozess aber wirklich etwas Neues herauskommt, hängt nicht nur von den eingesetzten Kreativitätstechniken ab, sondern von vielen Faktoren. So ist vor allem auch die **Zusammensetzung des Problemlösungsteams** eine wichtige Einflussgröße der Kreativität. Im Allgemeinen kann davon ausgegangen werden, dass die Kreativität der Problemlösung steigt, wenn die Mitglieder des Problemlösungsteams unterschiedliche fachliche und organisatorische Hintergründe haben. Dies ist insbesondere dann von Vorteil, wenn ein komplexes und besonders neuartiges Problem zu lösen ist. Außerdem kann auch die Einbindung von externen Partnern (z. B. Kunden und Lieferanten) sowie externen Experten die Kreativität fördern. Die Heterogenität der Teammitglieder steigert die Anregungsdichte für den Einzelnen und führt dazu, dass ein Problem tendenziell aus mehreren unterschiedlichen Perspektiven – und damit umfassender – betrachtet wird.

5 Problemlösungen kommunizieren

5.1 Ziele und Anforderungen der Kommunikation

> **„Was wollen Sie uns damit eigentlich sagen?"**

Anlass für das unerfreuliche Gespräch, das Fred mit seinem Chef, Herrn Armleuchter, führen musste, war Freds Präsentation vor der Geschäftsführung. „Die", so musste Fred sich selbst eingestehen, „ist wirklich in die Hose gegangen."

„Dabei haben wir uns so gut vorbereitet", klagte er, und in der Tat, Fred und sein Team haben das ganze Wochenende durchgearbeitet, um ihre Präsentation fertig zu stellen. Natürlich haben sie, „wie sich das heute gehört", Schaubilder erstellt, um der Geschäftsführung erklären zu können, was sie in den vergangenen Monaten alles getan haben. Jede einzelne Analyse, jedes Gespräch, jede Erkenntnis, die ihnen wichtig war, haben sie in ein Schaubild gepackt, „damit die Geschäftsführer das auch wirklich verstehen", wie es Frau Warm leicht ironisch formulierte.

Leider haben die Geschäftsführer gar nichts verstanden, und vieles von dem, was Fred vortrug, schien die beiden auch nicht so recht zu interessieren: „Klabuster, was wollen Sie uns damit eigentlich sagen?", fragte Anton Armleuchter einmal, als Fred gerade genau erklärte, wie die Projektgruppe die Maschinenauslastung im Produktionsbereich ermittelt hatte. „Wie kann man denn so dumm sein, das nicht zu verstehen?", fragte ihn Frau Warm hinterher. „Vielleicht war die Auslastungsfrage doch nicht ganz so wichtig wie wir gedacht haben", meinte Fred.

In jedem Fall blieb bei den Geschäftsführern am Ende der Präsentation der Eindruck zurück, dass Freds Team nach sechs Monaten Arbeit immer noch keine gescheite Idee hat, was die Firma Bunsenbrenn in Zukunft anders machen könnte – „eine Gemeinheit", wie Else meinte: „Schließlich haben wir doch diese tolle Idee, wie wir uns neu im Markt positionieren könnten." „Na ja", musste Fred eingestehen, „vielleicht habe ich das auch nicht ganz so gut herüber gebracht."

Es ist nicht wirklich überraschend, aber auch bei der Kommunikation hätten Fred und sein Team wieder einmal vieles besser machen können.

Es fängt schon damit an, dass sie anscheinend die Bedeutung der Kommunikation unterschätzt haben. Wäre dies nicht der Fall, hätten sie für die Vorbereitung einer wichtigen Kommunikationsmaßnahme nach sechs Monaten Projektarbeit wohl mehr als zwei Arbeitstage aufgewendet – denn auch ein durchgearbeitetes Wochenende hat nicht mehr als zwei Tage. Bei 120 Arbeitstagen für die Problembearbeitung ist die Kommunikation damit offensichtlich untergewichtet. Trotzdem wird dieser Fehler häufig gemacht, denn viele Problemlösungsteams unterschätzen die Bedeutung ihrer Kommunikationsmaßnahmen. Mit anderen Worten: sie übersehen, dass auch **die beste Problemlösung ohne sinnvolle Kommunikation wirkungslos** ist, weil sie dann keiner versteht oder von der vorgestellten Idee überzeugt ist. Und so kann es nicht verwundern, wenn sie niemals realisiert wird.

Sieht man einmal hiervon ab, scheint Freds Präsentation für die Geschäftsführung auch materiell einige typische Schwachstellen aufzuweisen. Typische Fehler bei der Kommunikation sind:

- **Kommunikation ist nicht strukturiert und ergebnisorientiert.**

Im Regelfall ist der Adressat einer Kommunikationsmaßnahme nicht daran interessiert, wie der Vortragende zu seinen Erkenntnissen (seinen Aussagen) gekommen ist – er will die Erkenntnisse an sich erfahren und nicht den Weg dorthin. Diese Anforderung wird in der Kommunikation oft übersehen. So hat auch Fred Klabuster seine Geschäftsführer durch seinen eigenen Prozess der Erkenntnisgewinnung „gejagt", bevor er zu den Ergebnissen dieses Prozesses gekommen ist. Beispielsweise hat er ausführlich darüber gesprochen, wie die Maschinenauslastung im Produktionsbereich ermittelt wurde, bevor er zu dem eigentlich Interessanten kam: ob sie ein Problem darstellt und wie sie verbessert werden kann. Allgemein gesprochen wäre es hier richtig gewesen, die Kommunikation stärker ergebnisorientiert aufzubauen – das heißt, die wirklich wichtigen Schlussfolgerungen an den Anfang zu stellen und Analysen, die zu diesen Schlussfolgerungen geführt haben, dort (und nur dort) in die Kommunikation einzubauen, wo sie zum Verständnis bzw. zur Akzeptanz einer Aussage notwendig sind.

- **Kommunikation wird nicht empfängerorientiert aufbereitet.**

Wer etwas kommuniziert, sollte sich zuvor überlegen, wer der Empfänger seiner Kommunikation ist, denn nicht für jeden Empfänger ist die gleiche Kommunikationsform zweckmäßig. Es ist daher wichtig, dass Inhalte und Struktur sowie auch Medien und Stil der Kommunikation so festgelegt werden, dass sie Aspekte wie die Erwartungshaltung, die Einstellungen, die Vorkenntnisse sowie mögliche Reaktionen des Kommunikationsempfängers berücksichtigen. Um andere von den Aussagen der eigenen Kommunikation zu überzeugen – und das ist letztlich der Zweck jeder Kommunikationsmaßnahme –, muss diese auf die Empfänger der Kommunikation zugeschnitten werden.

- **Kommunikation wird nicht zweckmäßig vermittelt.**

Eine Kommunikation, auch wenn sie gut strukturiert und empfängerorientiert aufbereitet ist, muss schließlich noch an ihren Adressaten gebracht, das heißt vermittelt werden. Mehr noch: sie muss den Empfänger überzeugen. Ob dies gelingt, hängt nicht nur davon ab, dass die vorgeschlagene Problemlösung nach rationalen Gesichtspunkten überzeugt. Vielmehr ist auch die Art und Weise, wie die Botschaften vermittelt werden, von großer Bedeutung, um Verständnis, Zustimmung und Handlung zu erzeugen.

Die Kommunikation dient also letztlich dazu, Erkenntnisse zu vermitteln, die ihren Empfänger in die Lage versetzen sollen, über eine bestimmte Problemlösung zu entscheiden. Nur wenn er diese Erkenntnisse versteht und akzeptiert, wird die Problemlösung in Gang kommen. Insofern erscheint es nicht ungerechtfertigt, die Teilaktivität Kommunikation im Rahmen eines Problemlösungsprozesses als ebenso wichtig wie die eigentlich problemlösenden Phasen zu bezeichnen. Problemlösung ohne Kommunikation ist letztlich wirkungslos.

Wie im Rahmen eines Problemlösungsprozesses wirkungsvoll kommuniziert werden kann, ist Gegenstand der folgenden Abschnitte. Ausgehend von den Zielen einer Kommunikationsmaßnahme – wie informieren, Konsens schaffen, Entscheidungen herbeiführen und Handlungsdruck erzeugen – gehört dazu zweierlei: dass die Struktur der Kommunikation bestimmt wird und dass ihre Inhalte „transportiert" und vermittelt werden.

5.2   Strukturieren von Kommunikation

In der heutigen Zeit findet Kommunikation auf ganz verschiedenen Wegen statt, z. B. als Präsentation, als Email, als Gespräch, als Management-Bericht, als Brief und in vielen anderen Formen. Unabhängig von der jeweiligen Kommunikationsart besitzt Kommunikation immer einen Anfang, einen Hauptteil und ein Ende, die in Summe den Erfolg einer Kommunikation bestimmen: Nur wenn der Anfang so aufbereitet ist, dass bei den Adressaten Interesse an der Fragestellung und der Lösung geweckt wird, werden sie dem Hauptteil der Kommunikation ihre Aufmerksamkeit schenken. Von dem im Hauptteil kommunizierten Inhalt werden die Adressaten nur überzeugt sein, wenn dieser klar verständlich und logisch strukturiert ist. Und nur, wenn sie vom Inhalt überzeugt sind, werden sie zum Ende der Präsentation den in der Kommunikation enthaltenen Empfehlungen oder Forderungen Folge leisten, also z. B. einer bestimmten Problemlösung zustimmen oder sogar bei der Umsetzung der Lösung aktiv mitwirken.

Um dieses Ergebnis zum Schluss der Kommunikation zu erreichen, sind also vor allem die Einleitung und der Hauptteil besonders wichtig. Deshalb möchte ich im Folgenden auf diese beiden Teile gesondert eingehen und dabei (1) das „S-P-F-A"-Schema zur Gestaltung effektiver Einleitungen, und (2) die logische Gruppe und die logische Kette als zwei Grundformen zur Strukturierung des Hauptteils vorstellen.

5.2.1 Einleitungen mithilfe des „S-P-F-A"-Schemas

Eine gute Einleitung ist einer der wichtigsten Schlüssel zu erfolgreicher Kommunikation, denn sie weckt Interesse an einer Fragestellung und ihrer Lösung. Allerdings leidet Kommunikation, wie z. B. viele Präsentationen im Unternehmensalltag, häufig unter langweiligen Einleitungen. Dabei gibt es ein klassisches Erfolgsschema der Einleitung, das z. B. auch die Grundlage fast aller weit verbreiteten Märchen und Geschichten ist: das Ausgangssituation (S) - Problemstellung (P) - Fragestellung (F) - Antwort (A) - Schema: „S-P-F-A" (Abbildung 5.1).

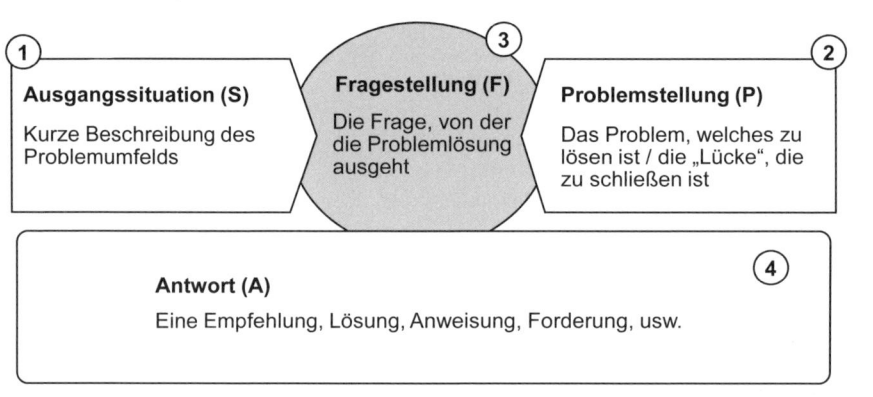

Abbildung 5.1: *S-P-F-A-Schema*

Eine gute Einleitung beginnt mit der Beschreibung der **Ausgangssituation**, also des Problemumfeldes. Eine Ausgangssituation ist dadurch gekennzeichnet, dass es in ihr keine Probleme gibt. Die Situation ist durchweg positiv und es wäre wünschenswert, dass sie immer so weiter bestünde. Häufig werden in der Ausgangssituation liebenswerte Protagonisten vorgestellt, die auch später in der Geschichte eine wichtige Rolle spielen. So lautet der Beginn beinahe jedes Märchens „Es war einmal" und es folgt eine kurze Beschreibung der (schönen) Welt, in der das Märchen stattfindet. Auch Ottfried Preußlers berühmte Geschichte vom „Räuber Hotzenplotz" beginnt mit der Darstellung der Ausgangssituation:

> „Einmal saß Kasperls Großmutter auf der Bank vor ihrem Häuschen in der Sonne und mahlte Kaffee. Kasperl und sein Freund Seppel hatten ihr zum Geburtstag eine neue Kaffeemaschine geschenkt, die hatten sie

selbst erfunden. Wenn man daran kurbelte, spielte sie „Alles neu macht der Mai", das war Großmutters Lieblingslied."[31]

Auf die Ausgangssituation folgt die **Problemstellung**, also das zentrale Problem, welches im Folgenden zu lösen ist. Die Problemstellung beginnt häufig mit Worten wie „allerdings", „dennoch", „aber" oder „jedoch" und reißt eine „Lücke" auf zwischen einem Soll- und einem Ist-Zustand. Dabei ist der Soll-Zustand meistens der Status-Quo, der gerade in der Ausgangssituation beschrieben wurde, mit anderen Worten „die heile Welt". Auch in der Geschichte vom Räuber Hotzenplotz gibt es ein zentrales Problem:

> „Auch heute hatte [die Großmutter] die Kaffeemühle schon zum zweiten Mal aufgefüllt und eben wollte sie weiter mahlen – da rauschte und knackte es plötzlich in den Gartensträuchern und eine barsche Stimme rief: „Her mit dem Ding da!" Großmutter blickte verwundert auf und rückte an ihrem Zwicker. Vor ihr stand ein fremder Mann mit einem struppigen schwarzen Bart und einer schrecklichen Hakennase im Gesicht. Auf dem Kopf trug er einen Schlapphut, an dem eine krumme Feder steckte, und in der rechten Hand hielt er eine Pistole. Mit der Linken zeigte er auf Großmutters Kaffeemühle. „Her damit, sage ich!"[32]

In einer Einleitung folgt auf die Problemstellung die **Fragestellung**, genauer gesagt die Frage, von der die Problemlösung ausgeht. Sie ist die Hauptfrage, die sich an dieser Stelle der Geschichte vom Hotzenplotz stellt: „Großmutter, was nun?" oder noch allgemeiner: „Wie werden wir mit diesem Hotzenplotz fertig?" Was wir hier bereits sehen: die Fragestellung ist nur dann interessant, wenn uns die Ausgangssituation wichtig ist und wenn das Problem tatsächlich die Ausgangssituation in Gefahr bringt. Für Kinder ist eine heile Welt, das Gute, etwas besonders Wichtiges. Diese heile Welt wird durch die Großmutter, Kasperl und Seppel verbildlicht. Kinder haben zudem Angst vor dem Bösen. Und obwohl der Räuber Hotzenplotz ein liebenswertes Böses ist, so ist er doch böse genug, genau diese heile Welt in Gefahr zu bringen. Unter anderem auf diese Weise lässt sich auch der große Erfolg des Buches von Ottfried Preußler erklären.

Schließlich folgt auf die Fragestellung der Hauptteil der Kommunikation: die **Antwort**, z. B. in Form einer Empfehlung, Lösung, Anweisung oder Forderung. So ist die auf die oben geschilderte Einleitung folgende Geschichte vom Hotzenplotz letztlich nichts anderes als die Antwort auf die in der Einleitung formulierte Fragestellung. Eine entscheidende Voraussetzung für eine gute Antwort ist es, dass sie die zentrale Fragestellung tatsächlich löst. Daher ist bei der Einleitung besonders darauf zu achten, dass Ausgangssituation, Problem- und Fragestellung immer an die Antwort angepasst werden.

Auch zur Einleitung einer nicht-fiktiven Problemlösung ist das S-P-F-A-Framework hilfreich. In Abbildung 5.2 ist ein Beispiel für eine solche Einleitung gegeben. Die Ausgangssituation beschreibt die schöne heile Welt, in der sich das Unternehmen bis dato befand: „Un-

---

[31] Preußler, O. (1962), S. 7.

[32] Preußler, O. (1962), S. 7-8.

ser Unternehmen war seit jeher Marktführer…" Die Darstellung dieser **Ausgangssituation** als „problemlos" ist ganz besonders wichtig. Das liegt unter anderem daran, dass Menschen im Allgemeinen durch einen so genannten Bestätigungs-Bias geprägt sind. Das heißt: Sie nehmen einen anderen Menschen dann als überzeugender wahr, wenn sie Gemeinsamkeiten mit diesem Menschen erkennen können. Präsentiert man also zu Beginn der Kommunikation Dinge, über die Einvernehmen besteht, ist es wahrscheinlicher, dass man von den Zuhörern oder Lesern als überzeugend wahrgenommen wird, einem besser zugehört wird, usw.

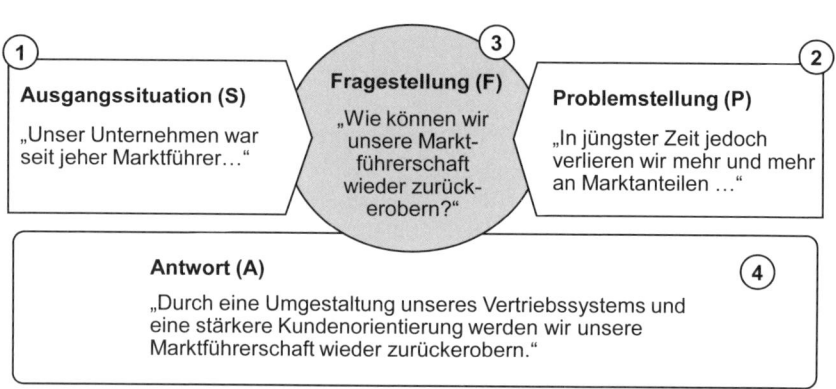

Abbildung 5.2: *Beispiel für eine S-P-F-A Einleitung einer Präsentation*

Im Anschluss daran wird die Problemstellung vorgestellt: „In jüngster Zeit jedoch verlieren wir mehr und mehr an Marktanteilen…" Diese **Problemstellung** weckt bei den Zuhörern Interesse, da sie die Gefahr verdeutlicht, der sich das Unternehmen gegenübergestellt sieht. Sie macht deutlich, dass eine Lücke besteht zwischen dem Soll-Zustand (also der Ausgangssituation) und dem Ist-Zustand. Um besonders viel Interesse zu wecken, könnte man an dieser Stelle die Marktanteilsentwicklung in einem Schaubild visualisieren und dabei auch ein bedrohliches Zukunftsszenario projizieren, nach dem Motto: „Wenn die Entwicklung so weiter geht, ist es bereits in einem Jahr schlecht um uns bestellt."

Die **Fragestellung** ist kurz und prägnant formuliert: „Wie können wir unsere Marktführerschaft wieder zurückerobern?" Damit leitet sie fließend zum Hauptteil der Präsentation über, also zur **Antwort** („Durch eine Umgestaltung unseres Vertriebssystems und eine stärkere Kundenorientierung werden wir unsere Marktführerschaft wieder zurückerobern"). Diese Antwort wiederum beantwortet die Fragestellung klar und eindeutig und ist damit eine gute Voraussetzung für eine gelungene Präsentation.

S-P-F-A-Einleitungen können viele Formen annehmen. Zum besseren Verständnis dieses Schemas ist es hilfreich, drei generische und besonders häufige Formen anhand von Beispielen kennen zu lernen:

- **„Etwas ist falsch gelaufen, was können wir tun?"**

„Seit 1986 sind wir durchschnittlich um 6 Prozent pro Jahr gewachsen. Wir haben heute mehr als fünfmal so viele Mitarbeiter wie noch vor drei Jahren und überall in der Welt gelten unsere Produkte als der Maßstab für Qualität und Design. Im letzten Jahr jedoch sind unsere Umsätze drastisch gesunken. Wir müssen uns, meine Damen und Herren, fragen: „Warum ist das so?" Nur wenn wir jetzt Antworten auf diese Frage finden, können wir es schaffen."

- **„Etwas hat sich geändert – was sollen wir tun?"**

„Bisher gingen wir bei allen Akquisitionsentscheidungen davon aus, dass die Mehrheit unserer Partner aus Europa kam und nicht aus Südamerika. Das hat sich jedoch geändert. Inzwischen sind mehr als 60 Prozent der Akquisitionsobjekte in südamerikanischer Hand. Wir müssen uns jetzt fragen: Was sollen wir tun?"

- **„Zwei Sichtweisen – wer hat recht?"**

„Seit Jahren gehen unsere Berater in der Fläche davon aus, dass Frauen mehr Geld ausgeben als Männer. Noch vor kurzem hat mir ein Berater berichtet, dass das wirklich so ist. Jetzt habe ich einen Forschungsbericht in „Psychologie heute" gelesen, der genau das Gegenteil besagt. Wem sollen wir glauben?"

Aufgrund seiner generischen Struktur ist das S-P-F-A-Schema ein besonders wirkungsvolles Instrument der Strukturierung. Der Schlüssel zum Erfolg liegt insbesondere darin, dass es dem Kommunizierenden ermöglicht, seine Antwort sowohl sehr kurz und bündig einzuleiten, als auch über eine längere Strecke auszudehnen. Egal, ob kurz oder lang, das Schema gibt der Einleitung immer Struktur und unterstützt den Kommunizierenden dabei, bei der Einleitung stets den Überblick zu behalten. Es sollte jedoch so angewendet werden, dass der Kommunizierende zunächst eine kurze, aus vier Sätzen bestehende Einleitung ausarbeitet. Erst, wenn man diesen groben Überblick konzipiert hat, ist es möglich, darauf aufbauend eine längere Einleitung zu verfassen, welche die einzelnen Bausteine (S-P-F-A) detailliert – gewissermaßen, indem sie sie wie eine Ziehharmonika auseinander zieht.

5.2.2   Strukturierung durch logische Gruppen und Ketten

Nachdem man die Kommunikation eingeleitet hat, gilt es nun, den Hauptteil, also die Antwort auf die Fragestellung, zu strukturieren. Zwei Strukturierungsarten möchte ich hier vorstellen: Die logische Gruppe, die besonders zur schnellen und effizienten Kommunikation im Alltag geeignet ist, und die logische Kette, die sich vor allem dann anbietet, wenn es darum geht, „widerspenstige" Adressaten zu überzeugen.

- **Logische Gruppe**

Im Alltag findet man unterschiedliche Möglichkeiten, Aussagen zu kommunizieren. Zwei Beispiele für eine **„Email an den Chef"** illustrieren dies:

– **Alternative 1:** „Herr Müller hat ein Fax geschickt, in dem er mitteilt, dass er den Termin am Freitag um 15 Uhr leider nicht schafft. Herr Schulze sagt, ihm sei auch etwas Unvorhergesehenes dazwischen gekommen. Montag wäre okay, aber es geht nicht vor 10.30 Uhr. Laut Herrn Meiers Sekretärin kommt dieser auch erst Montag, 9 Uhr, aus Detroit zurück. Der Konferenzraum ist am Freitag besetzt, aber Montag ab 14 Uhr noch frei. Ist das o.k.?"

– **Alternative 2:** „Könnten wir die Freitags-Sitzung auf Montag 14 Uhr verlegen? Der Termin wäre für Herrn Müller und Herrn Schulze günstiger, und auch Herr Meier könnte dann teilnehmen."

Wo liegt der Unterschied zwischen beiden Alternativen? Er liegt in der Strukturierung und der Ergebnisorientierung der Kommunikation. Alternative 1 ist das typische Beispiel einer unstrukturierten Bündelung von Aussagen, bei der dem Empfänger nur klar wird, dass es anscheinend schwierig ist, einen gemeinsamen Termin mit allen Teilnehmern zu finden. Dabei gibt es eigentlich eine Lösung für das Problem – nur: Der Chef erfährt sie nicht, wenn er sie sich nicht selbst zusammenreimen kann (oder sich zuvor eine Zeichnung macht). Das aber – den Empfänger die Aussagen selber entwickeln zu lassen – ist nicht der Zweck einer Kommunikationsmaßnahme. Eine wirkungsvolle Kommunikation soll dem Empfänger unmittelbar die Aussagen liefern, um die es geht, und nur solche Erklärungen hinzufügen, die notwendig sind, um diese Aussagen zu verstehen – so wie es in Alternative 2 geschehen ist.

Eine solche, **hierarchisch strukturierte Kommunikation** ist in den allermeisten Fällen der Schlüssel zum Kommunikationserfolg. Sie stellt eine Kernaussage oder -frage an den Anfang („Können wir die Sitzung auf Montag 14 Uhr verlegen?"), die dann schlüssig mit weiteren Aussagen untermauert wird (Montag „wäre für Herrn Müller und Herrn Schulze günstiger, und auch Herr Meier könnte dann teilnehmen."). Dabei sind diese Aussagen gleichartig und logisch nach Priorität oder zeitlicher Reihenfolge geordnet. Damit ist auch bei der Erarbeitung von Kommunikationsstrukturen wie bei der Problemstrukturierung „MECE-ness" eine wichtige Erfolgsvoraussetzung.

Die einfachste Form einer hierarchischen Kommunikationsstruktur wird als logische Gruppe bezeichnet. Diese Strukturierungsform ist auch in unserem Beispiel einer „Email an den Chef" in Alternative 2 gewählt worden. Sie ist unmittelbar ergebnisorientiert und besteht aus drei Elementen (Abbildung 5.3): Kernaussage, Gründe (inklusive Untergründe) und Beweise. Die **Kernaussage** der Kommunikation entspricht der Antwort (A) des S-P-F-A-Schemas und kann dementsprechend eine Empfehlung, Lösung, Anweisung, Forderung oder ähnliches sein. Sie wird an den Anfang der Kommunikation gestellt. Im Beispiel in Abbildung 5.3 lautet die Kernaussage: „Bunsenbrenn muss in Produktqualität investieren."

Nachdem die Kernaussage kommuniziert worden ist, wird sie im Folgenden durch stichhaltige **Gründe** fundiert. In diesem Falle: Zum einen: „Qualität steigert die Umsätze" und zum anderen: „Qualität senkt die Kosten". Häufig müssen diese Gründe noch einmal mit Unterg-

ründen hinterlegt werden. Das Argument „Qualität steigert die Umsätze" lässt sich beispielsweise damit begründen, dass durch Qualität die Kundenbindung steigt und dass höhere
Qualität zu höherer Zahlungsbereitschaft führt.

Besonders wichtig für die Überzeugung sind zudem **Beweise**. Diese werden in der Problemanalyse erarbeitet und untermauern die zentralen Behauptungen in einer logischen Gruppe.
Dadurch helfen sie, eine Argumentation glaubwürdig zu machen. Dies gilt vor allem dann,
wenn es sich bei den Quellen der Belege um glaubwürdige Sekundärquellen handelt wie
z. B. Berichte unabhängiger Forschungseinrichtungen oder Aussagen einzelner Autoritäten
(z. B. „schon Einstein sagte"), oder aber wenn die Belege aus Primärquellen stammen, also
beispielsweise eigene Untersuchungen oder Erfahrungen darstellen („ich habe es mit eigenen
Augen gesehen"). Entsprechend Abbildung 5.3 könnte ein Präsentierender z. B. die Behauptung „Qualität führt zu mehr Kundenbindung" wie folgt belegen:

> „Qualität steigert die Kundenbindung. Dies haben nicht nur die Studien
> verschiedener Wissenschaftler herausgefunden. Das konnten auch wir in
> unserem eigenen, sechs Monate andauernden und zusammen mit der
> „XY" Marktforschungsgesellschaft durchgeführten Test bestätigen. Die
> Steigerung der Qualität um nur 2 % führte zu einem Anstieg der Kun-
> denbindung um 10 %. Am Ende hieß das: über 60.000 Euro mehr Um-
> satz, allein in der aus 250 Käuferinnen und Käufern bestehenden Testpo-
> pulation. Ich bin selbst vor Ort gewesen und habe mit mehreren Kunden
> gesprochen. Sie waren einfach begeistert."

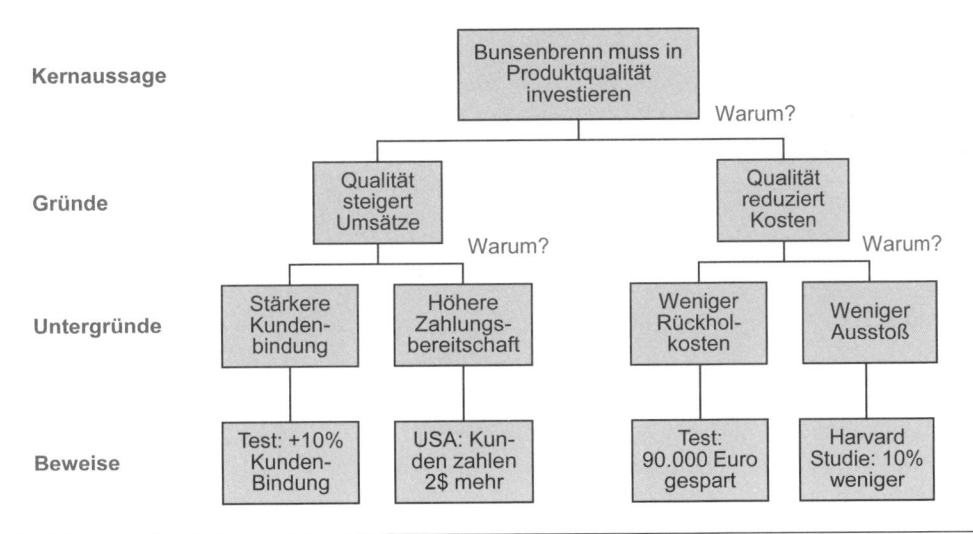

Abbildung 5.3: *Grundstruktur und Beispiel einer logischen Gruppe*

Eine hilfreiche Grundlage für die Bildung logischer Gruppen ist eine **Nutzwertanalyse** (Scoring-Modell), die am Ende der Problemanalyse zur systematischen Beurteilung (Begründung) und Auswahl von Lösungsalternativen gebildet werden kann (Abschnitt 4.3). Abbildung 5.4 verdeutlicht schrittweise den Zusammenhang zwischen der Nutzwertanalyse und der logischen Gruppe. So wird das Ergebnis der vergleichenden Bewertung verschiedener Alternativen zur Kernforderung – im Allgemeinen zur Forderung, die beste Alternative zu verwirklichen. Dann werden die Entscheidungskriterien (Anforderungen), auf die sich die Bewertung bezieht, zu den Gründen, warum diese Alternative sinnvoll ist. Dabei ist zu beachten, dass man, um eine logische Gruppe aufzubauen, nicht unbedingt alle Bewertungskriterien nennen muss. Oft reicht es, die wichtigsten zwei oder drei Kriterien darzustellen. Hier zeigt sich noch einmal, wie wichtig es ist, bei der Nutzwertanalyse die Kriterien und ihre Gewichtung möglichst zielgruppengerecht zu wählen. Schließlich werden die einzelnen Bewertungsgrundlagen, also z. B. die Marktforschungsstudien, die man durchgeführt hat, oder die herangezogenen Sekundärquellen, zu den Beweisen in der logischen Gruppe. Auf diesem Wege werden Problemlösung (bzw. deren Ergebnisse) und Kommunikation in sehr sinnvoller Weise verknüpft.

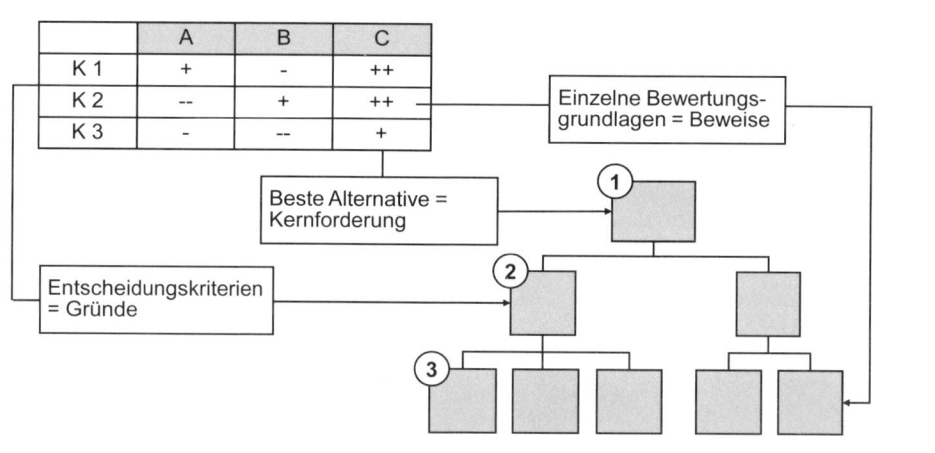

Abbildung 5.4: *Zusammenhang Nutzwertanalyse und logische Gruppe*

Ähnlich wie das oben erläuterte S-P-F-A-Schema ist die logische Gruppe ein besonders schnell anwendbares Instrument zur Strukturierung von Kommunikation. Eine logische Gruppe ist sehr schnell gebildet und lässt sich dann mithilfe von einfachen rhetorischen Mitteln auch leicht vortragen oder schriftlich dokumentieren. Dies gilt insbesondere dann, wenn man die einzelnen Teile der Gruppe mit passenden Konjunktionen verbindet. Beispielsweise ist es sinnvoll, die Anzahl der Gründe den Adressaten vorher mitzuteilen („… ich fordere XYZ, meine Damen und Herren, und zwar *aus zwei Gründen*") und dann die Gründe in Listenform vorzustellen („*Erstens* fordere ich XYZ, da … *Zweitens* fordere ich XYZ, da

…"). Übt man sich darin, logische Gruppen zu bilden, unterstützen sie enorm dabei, Kommunikation effizient zu strukturieren.

- **Logische Kette**

Wenn auch die logische Gruppe in den meisten Fällen die effizienteste Kommunikationsstruktur ist, so gibt es doch Gegebenheiten, in denen es sich anbietet, eine andere Kommunikationsstruktur zu verwenden: die logische Kette. Die logische Kette ist insbesondere dann angebracht, wenn zu erwarten ist, dass die Adressaten der Kernforderung der Kommunikation widersprechen werden.

Am 19. Oktober 2008, etwa einen Monat vor den Präsidentschaftswahlen in den Vereinigten Staaten von Amerika, befand sich Colin Powell, ehemaliger US-Außenminister, in einer solchen Situation. Er wollte eine Empfehlung abgeben, von der er wusste, dass sie insbesondere von den Mitgliedern seiner eigenen Partei als widersprüchlich wahrgenommen werden würde[33]. Colin Powell wollte sich in einem Fernsehinterview zu der Frage äußern, für welchen Kandidaten er sich aussprechen würde: John McCain, den Kandidaten seiner eigenen Partei, den Republikanern, oder Barack Obama, den Kandidaten der Gegenpartei, den Demokraten.

Colin Powell wollte sich für Barack Obama aussprechen, eine Wahl also für den Kandidaten der Gegenpartei und damit keine Selbstverständlichkeit. Im Gegenteil: Powell musste seine Wahl ausgesprochen gut begründen, ansonsten hätte man ihm vorwerfen können, seine Partei spalten zu wollen. Zudem hätte er ansonsten kaum sein Ziel erreicht, nämlich dass möglichst viele Parteimitglieder der Republikaner den Kandidaten der Demokraten wählen. Powell konnte seine Stellungnahme dementsprechend nicht sofort mit seiner Empfehlung beginnen. Er hätte damit vielen seiner Parteigenossen vor den Kopf gestoßen.

Daher strukturierte Powell seine Stellungnahme nicht als logische Gruppe, sondern anders. In einem ersten Schritt stellt er fest, dass beide Kandidaten die notwendigen Voraussetzungen erfüllen, Präsidenten der Vereinigten Staaten zu sein. Powell sagt: „Beide wären gute Präsidenten." Anschließend diskutiert Powell die beiden Kandidaten anhand der für Powell zentralen Entscheidungskriterien. Beispielsweise vergleicht er, wie seiner Einschätzung nach McCain und Obama mit der wirtschaftlichen Krise zu dieser Zeit umgehen, wie die Kandidaten wichtige Entscheidungen, z. B. die Wahl der Vizepräsidentschaftskandidaten, treffen, und inwieweit die beiden Kandidaten die Ideale der amerikanischen Verfassung, vor allem die Religionsfreiheit, in ihren Handlungen während des Wahlkampfs repräsentierten. Bei allen Bewertungskriterien wird deutlich, dass Barack Obama aus der Sicht von Collin Powell stets besser abschneidet als John McCain. Dementsprechend spricht er sich am Schluss – und erst am Schluss – für Barack Obama aus.

Stark zusammengefasst hat Powells Stellungnahme die Struktur einer logischen Kette. Dies ist die Verknüpfung zweier Prämissen (Annahmen), aus denen sich zusammengenommen logisch zwingend eine Schlussfolgerung ergibt (Abbildung 5.5). Zur Erklärung der Charakte-

---

[33] Vgl. http://www.youtube.com/watch?v=T_NMZv6Vfh8, vom 30. Juli 2009.

ristika von logischen Ketten wird sehr häufig auf ein Beispiel zurückgegriffen, welches bereits Aristoteles verwendete:

- Prämisse 1: „Alle Menschen sind sterblich."

- Prämisse 2: „Sokrates ist ein Mensch."

- Schlussfolgerung: „Also ist Sokrates sterblich."

Das Aristotelische Beispiel einer logischen Kette besitzt die zwei Eigenschaften, die, wenn sie gegeben sind, eine logische Kette zu einem außerordentlich effektvollen Instrument der Kommunikation machen. Erstens ist die Kette **formal gültig**, das bedeutet, sie entspricht den Grundregeln der formalen Logik. Dies lässt sich, wie in Abbildung 5.5 dargestellt, anhand von Mengendiagrammen gut illustrieren: Prämisse 1 impliziert, dass alle Menschen (B) zur Gruppe der sterblichen Wesen (A) gehören. Prämisse 2 besagt, dass Sokrates (C) zur Gruppe der Menschen (B) gehört. Wenn nun B ein Teil von A ist und C ein Teil von B, dann folgt daraus zwingend, dass C auch ein Teil von A ist, das heißt Sokrates zur Gruppe der Sterblichen gehört.

Zweitens sind die beiden Prämissen auch **empirisch wahr** – zumindest, soweit wir es beurteilen können. Bisher gibt es zumindest nur wenige Beweise für die Existenz eines unsterblichen Menschen und kaum jemand würde bezweifeln, dass Sokrates ein Mensch ist.

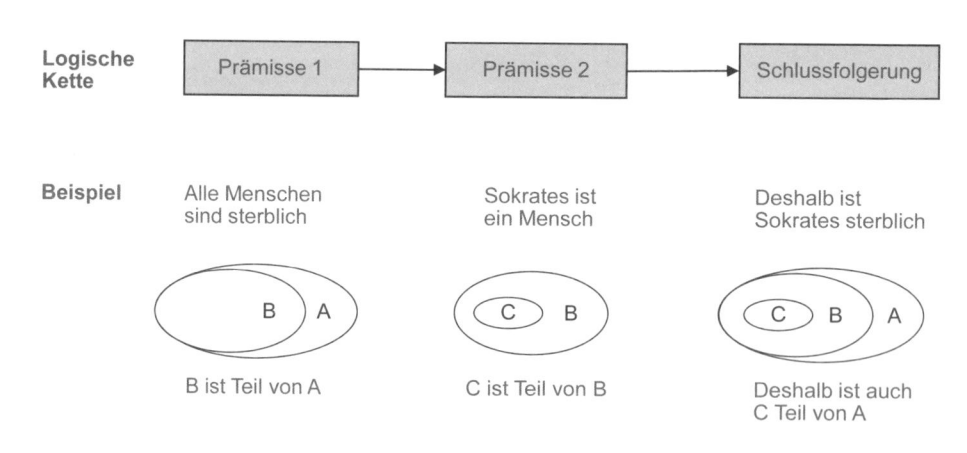

Abbildung 5.5: *Struktur einer logischen Kette und Beispiel*

Colin Powells Stellungnahme ist eine logische Kette mit folgender Grundstruktur:

- Prämisse 1: „Der Kandidat, der die Anforderungen an einen Präsidenten (Entscheidungskriterien) am besten erfüllt, soll gewählt werden."

- Prämisse 2: „Obama erfüllt die Anforderungen (Entscheidungskriterien) am besten."

- Schlussfolgerung: „Deshalb soll Obama gewählt werden."

Wie in Abbildung 5.6 deutlich wird, beruht auch die logische Kette, ähnlich wie die logische Gruppe, auf einer Nutzwertanalyse – und damit auf den Ergebnissen der Problemanalyse. Allerdings verknüpft sie die Kommunikation in einer anderen Reihenfolge mit den Elementen der Problemanalyse: So werden die Entscheidungskriterien als erste Prämisse verwendet (im Falle Powells seine Anforderungen an einen Präsidenten). Die Ergebnisse der Beurteilung bilden die zweite Prämisse („Obama erfüllt die Anforderungen am besten"). Und dann erst wird das Ergebnis der Analyse als Schlussfolgerung präsentiert.

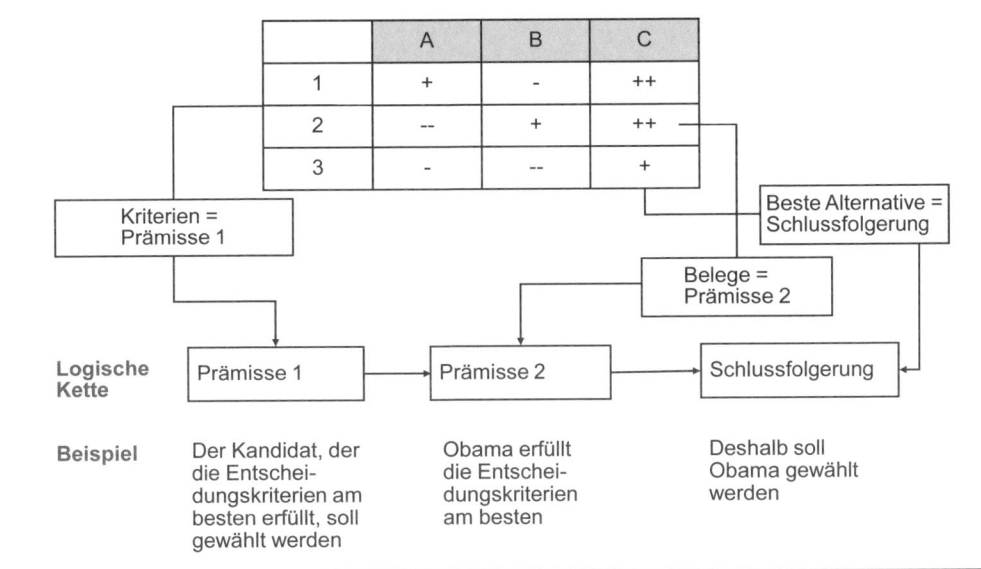

Abbildung 5.6: *Zusammenhang Nutzwertanalyse und logische Kette*

Effektvoll wird Colin Powells logische Kette dadurch, dass sie, genau wie das Beispiel von Aristoteles, formal gültig ist und dass Powell die Wahrheit der Prämissen mit starken Beweisen unterstützt. So wählt er zum einen Kriterien, die in den weitesten Teilen der amerikanischen Bevölkerung – also auch in seiner eigenen Partei – als besonders ausschlaggebend für die Qualifikation eines Präsidenten sind (Führungsverhalten in Krisenzeiten, konsistentes Verhalten mit den amerikanischen Werten, usw.) Zum anderen schafft er es, starke und nachvollziehbare Belege vorzustellen, welche seine Einschätzung, inwieweit die Kandidaten diesen Kriterien gerecht werden, sehr glaubhaft machen. Dementsprechend war auch der Erfolg von Powells Stellungnahme. Wie viele Wahlbeobachter aussagten, war Powells Darlegung einer der Gründe, warum im November 2008 viele Republikaner Obama und nicht McCain wählten.

Im Regelfall können sowohl logische Ketten als auch Gruppen gewählt werden, um die gleiche Aussage zu kommunizieren. Logische Gruppe und logische Kette können auf unterschiedlichen Wegen das gleiche Ergebnis kommunizieren. Der wesentliche Unterschied zwischen den beiden Strukturierungsformen liegt darin, dass eine Kommunikation, die in Form einer logischen Gruppe aufgebaut ist, wesentlich direkter zu den angestrebten Schlussfolgerungen kommt. Sie ist deswegen dann sinnvoll, wenn die Kommunikationsempfänger offen und aktionsorientiert eingestellt sind und nicht von eventuell gegenteiligen Überzeugungen abgebracht werden müssen.

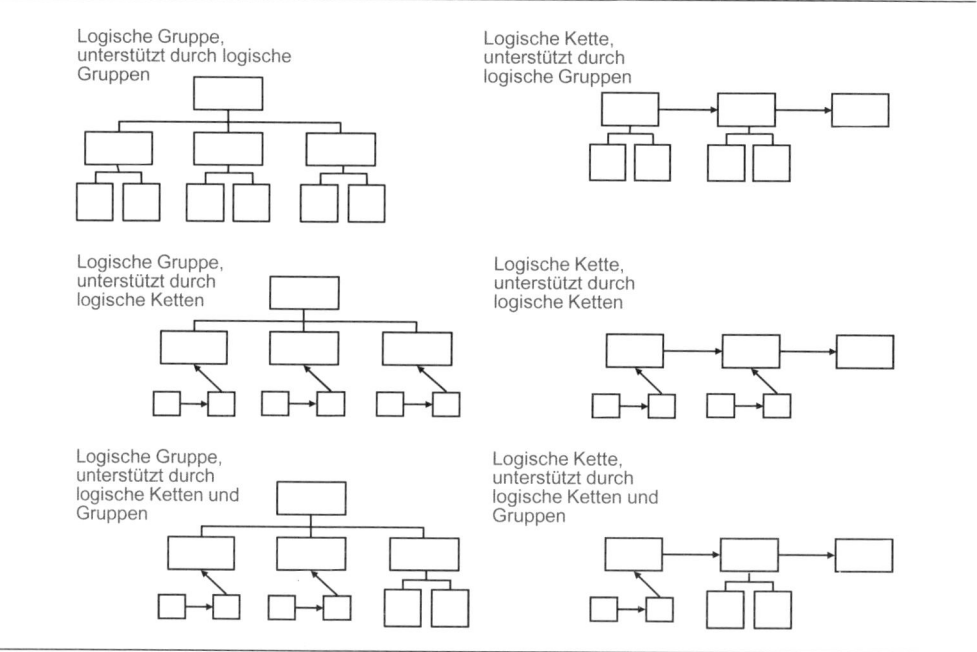

Abbildung 5.7: *Kombination von Strukturalternativen*

Stehen die Empfänger der Kommunikation den zu kommunizierenden Schlussfolgerungen jedoch potenziell ablehnend gegenüber, so ist meist eine logische Kette sinnvoller. Sie kann eher dabei helfen, die Kommunikationsempfänger zu überzeugen – umso besser, je schlüssiger die aufgebaute Argumentationskette selbst ist. Sämtliche Aussagen und Schlussfolgerungen können so in ihrem Zusammenhang dargestellt werden, dass am Ende klar wird, dass keine andere als die vorgestellte Lösung gangbar ist. Allerdings birgt eine logische Kette auch ein höheres Kommunikationsrisiko, da die gesamte Argumentation in sich zusammenbricht, wenn die erste oder die zweite Prämisse nicht akzeptiert werden. Dieses Risiko ist bei einer logischen Gruppe geringer, da Widerspruch gegen einzelne Aussagen(-gruppen) nicht zwingend die Gesamtaussage in Frage stellt.

Beide Strukturierungsformen können auch gleichzeitig in einer Kommunikation verwendet werden – natürlich jeweils auf unterschiedlichen Ebenen der Kommunikationshierarchie (Abbildung 5.7). So ist es keinesfalls zwingend, eine auf der obersten Ebene in Form einer logischen Gruppe strukturierte Kommunikation auch auf den nachgeordneten Ebenen durch Gruppen zu stützen. Wenn zumindest einzelne Aussagen in der logischen Gruppe kontrovers sind, kann es sogar im Gegenteil sehr sinnvoll sein, für diese Aussagen jeweils eine Argumentation in Form einer logischen Kette aufzubauen (logische Gruppe, unterstützt durch logische Ketten). Umgekehrt können auch einzelne Aussagen in logischen Ketten ihrerseits durch logische Gruppen unterstützt werden.

Im Übrigen gelten diese Strukturalternativen natürlich nicht nur für „gesprochene", sondern auch für „geschriebene Kommunikation". Ein Text, der eine zweckmäßige Gliederung besitzt, spiegelt die Hierarchie von Aussagen im Geschriebenen wider. Abbildung 5.8 zeigt ein Beispiel, wie der Hauptteil einer Kommunikation in eine Gliederung umgesetzt werden kann. Dieser Hauptteil muss natürlich durch einleitende und schlussfolgernde Bemerkungen ergänzt werden.

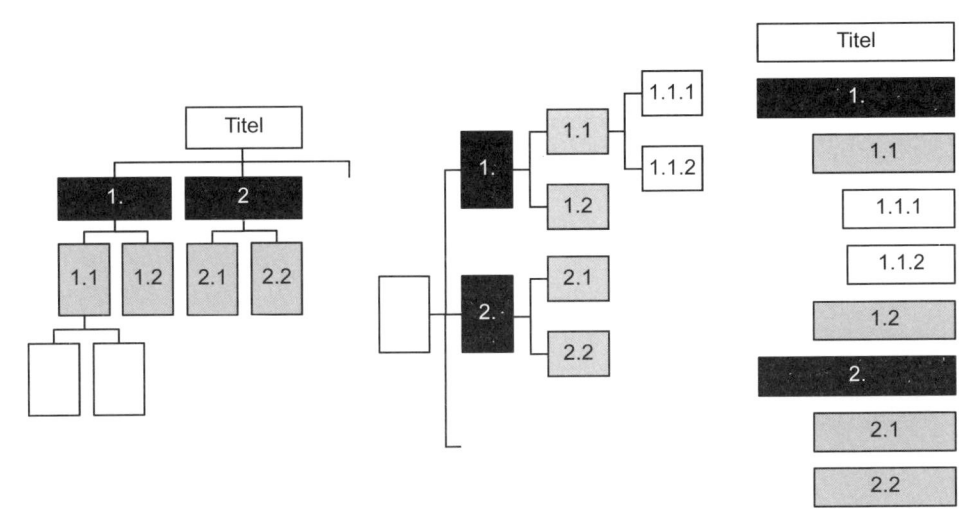

Abbildung 5.8: *Umsetzung von Kommunikationsstrukturen in Gliederungen*

5.3   Visualisierung von Informationen

„Ein Bild sagt mehr als 1000 Worte." Diese alte Erkenntnis unterstreicht, welche Bedeutung Bilder für uns im täglichen Leben besitzen. Immer wieder erleben wir, wie wir Bilder abrufen, die wir vor Jahren in unserem Gedächtnis gespeichert haben. Und immer wieder beobachten wir, wie „Gedächtniskünstler" Unmengen von Informationen abrufen können, die sie über die Zuordnung zu Bildern gespeichert haben. Hintergrund dieser Erfahrungen ist, dass Bilder eine wichtige Stütze für menschliche Informationsverarbeitungsprozesse sind: Bildliche Informationen lassen sich besser, das heißt schneller und umfassender aufnehmen, verarbeiten und speichern als beispielsweise Texte, Zahlen oder rein akustisch vermittelte Informationen[34].

Gerade in der Unternehmenswelt bietet die Visualisierung von Informationen einen echten Zusatznutzen: Sie hilft dabei, den Engpass in der menschlichen Informationsverarbeitung abzubauen, der in den letzten Jahren immer kritischer geworden ist. Denn einerseits konnten wir einen dramatischen Anstieg der verfügbaren Informationsmenge beobachten, andererseits ist jedoch der Zeitraum kürzer geworden, der zur Verarbeitung dieser Informationen zur Verfügung steht. In vielen Fällen kommt es daher bei Entscheidungsträgern zu einer Überflutung mit Informationen, die nicht mehr verarbeitet werden können und oft ein sachgerechtes Entscheiden eher behindern als unterstützen. Die Aufbereitung von Informationen durch ihre Visualisierung und die intelligente Kommunikation dieser Informationen sind ein Schlüssel zur Lösung dieses Problems.

Das wichtigste Hilfsmittel zur Visualisierung von Informationen sind **Schaubilder**, die mündliche Präsentationen optisch unterstützen. Ein gutes Schaubild ist ein äußerst wirkungsvolles Kommunikationsinstrument, da es durch die visuelle Aufbereitung von Aussagen Aufmerksamkeit, Verständnis und Erinnerungsvermögen des Empfängers steigert. Daher ist es nicht verwunderlich, dass visuell unterstützte Präsentationen („Powerpoint-Präsentationen") heutzutage zum Unternehmensalltag gehören.

Allerdings werden diese Schaubildpräsentationen nur selten so eingesetzt, dass ihr wahrer Vorteil zum Tragen kommt. Im Gegenteil: In welchem Unternehmen beschweren sich die Mitarbeiter nicht über zu viele Schaubilder, die am Ende „doch niemand anschaut"? Was noch schlimmer ist, es gibt sogar Hinweise darauf, dass schlechte Schaubilder zu unvorteilhaften Managemententscheidungen führen können. Dies ist insbesondere deshalb tragisch, da die Mitarbeiter in Organisationen häufig viel Zeit verbringen, um die Schaubilder zu erarbeiten.

Aufgrund dieser Erfahrung möchte ich im Folgenden Hinweise geben, die es ermöglichen, eine wirkungsvolle Schaubildpräsentation schnell und effizient zu erstellen. Diese Hinweise beziehen sich zum einen darauf, wie man eine Story-Line entwickelt, welche die einzelnen Schaubilder sinnvoll miteinander verbindet, und zum anderen, wie man die Schaubilder jeweils so gestaltet, dass die Vorteile der Visualisierung auch zum Tragen kommen.

---

[34]   Vgl. Meyer, J.-A. (1999), S. 77 ff.

5.3.1   Entwicklung einer Story-Line durch Action-Title

Eine entscheidende Hilfe zum besseren Verständnis eines Schaubilds und zur schnellen Erarbeitung einer ganzen Präsentation ist der so genannte Action-Title. Der Action-Title ist die Hauptaussage einer Abbildung. Er ist in einem ganzen Aussagesatz formuliert und steht oben auf der Folie in Form einer meist dick gedruckten Kopfzeile. Beispielsweise lautet der Action-Title in Abbildung 5.9: „Seit 1998 hat Private Equity (PE) stark an Bedeutung für den globalen M&A Markt gewonnen."

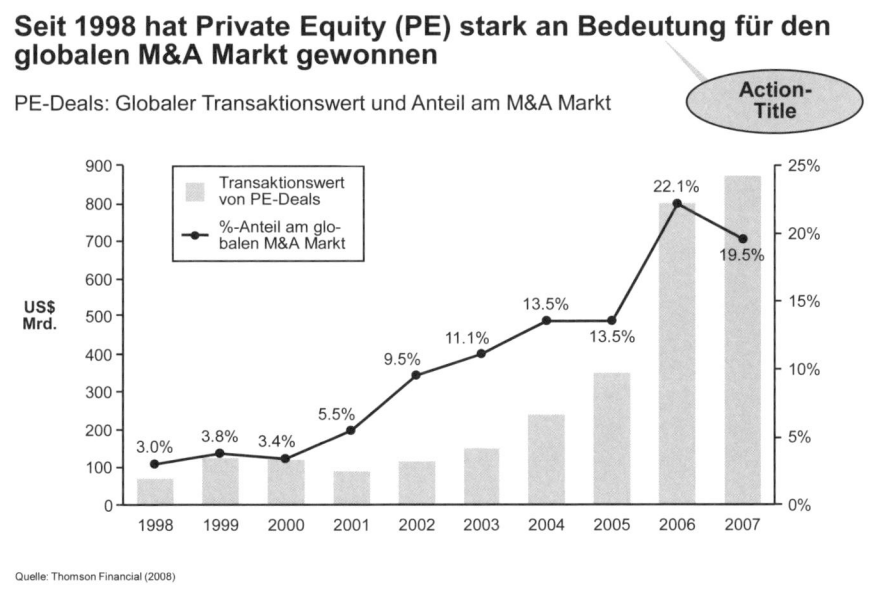

Abbildung 5.9: *Action-Title als Teil eines Schaubilds*

Der Action-Title hat im Wesentlichen zwei Funktionen: Erstens ermöglicht er es dem Empfänger, ohne großen Aufwand den Inhalt und den Zweck des Schaubilds – seine Hauptaussage eben – zu erfassen. Zudem schafft er dem Vortragenden die Möglichkeit, sich mit nur einem kurzen Blick erneut die Kernaussage des Schaubilds ins Gedächtnis zu rufen. Über diese Funktionen hinaus ermöglicht der Action-Title jedoch noch etwas ganz Wesentliches, nämlich die Erstellung und das Erkennen einer Story-Line – des „roten Fadens", der sich durch die Präsentation zieht und der die Kommunikation erst wirklich überzeugend werden lässt.

Dementsprechend ist der Action-Title das Bindeglied zwischen den beiden Strukturebenen einer Schaubildpräsentation: der horizontalen und der vertikalen Strukturebene (Abbildung 5.10). Hinter der horizontalen Struktur einer Präsentation steht die Idee, dass alle Action-Title einer Präsentation, hintereinander gelesen, als Summe einen Text, eine Art Zusammenfassung des Inhalts der Präsentation liefern (Story-Line). Alle Action-Title zusammen bilden also die Grundstruktur der ganzen Präsentation, ihre Einleitung, den Hauptteil und das Ende. Der Begriff „vertikale Struktur" hingegen bezieht sich auf das einzelne Schaubild und lässt sich durch die Frage „Passt der Titel zum Bild?" (und umgekehrt) zusammenfassen.

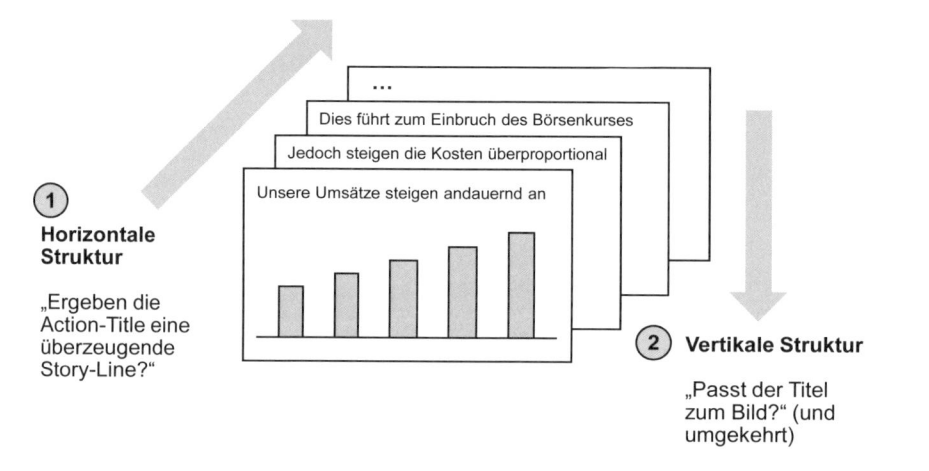

Abbildung 5.10: *Action-Title Logik*

Um eine erfolgreiche Präsentation zu erstellen, ist es unabdingbar, dass zuerst die Story-Line der Präsentation festgelegt wird. Zeichnen Sie z. B. auf einem Blatt Papier eine Reihe von Kästchen, welche die hintereinander liegenden Folien repräsentieren. Schreiben Sie dann die wichtigsten Aussagen der Präsentation Satz für Satz in die Folien, so dass sich zusammen ein Text ergibt. Wie in Abbildung 5.10 ersichtlich wird, kann dieser Text z. B. aus dem S-P-F-A-Framework abgeleitet werden: „Unsere Umsätze steigen andauernd an" ist die Ausgangssituation, „Jedoch steigen die Kosten überproportional" ist die Problemstellung und „Dies führt zum Einbruch des Börsenkurses" ist eine Erweiterung der Problemstellung, auf die dann die Fragestellung und die Antwort folgen würden.

Erfahrene Präsentatoren nehmen sich verhältnismäßig viel Zeit zur Erarbeitung dieser Story-Line. Sie wissen genau: Hat die Präsentation keinen Fluss, das heißt bauen die einzelnen Teile nicht stringent aufeinander auf, ist es enorm schwierig, Botschaften wirkungsvoll zu transportieren und Zustimmung zu Problemlösungen zu bekommen. Sie wissen aber auch, dass sie viel Arbeit umsonst machen – sprich: Schaubilder herstellen, die sie später gar nicht brauchen – wenn sie den Ablauf der Präsentation nicht gründlich genug durchdenken, bevor sie anfangen, Folien zu zeichnen. Widmen Sie sich deshalb erst dann der vertikalen Struktur, wenn die Story-Line auf diese Weise erarbeitet wurde. Wie im nächsten Abschnitt geschildert, ist es nämlich gar nicht so schwer, ein überzeugendes Schaublid zu zeichnen, wenn man einmal weiß, was man mit diesem Schaubild eigentlich sagen möchte.

5.3.2   Gestaltung einzelner Präsentationsschaubilder

Wie oben dargestellt ist die Voraussetzung für die Erstellung eines aussagekräftigen Schaubilds die, dass zuerst einmal eine Aussage da sein muss, bevor man sie visualisieren kann. Zur Visualisierung seiner Aussagen hat man dann eine Vielzahl von Schaubildtypen zur Auswahl: Textfolien, quantitative Folien oder qualitative Folien[35]. Im Folgenden möchte ich (1) einige allgemeine Regeln zur Erstellung von Schaubildern formulieren, (2) die Erstellung quantitativer Schaubilder näher beschreiben und schließlich (3) auf Regeln bei der Erarbeitung konzeptionell-qualitativer Schaubilder eingehen. Textfolien – auch gerne „bullet point-Listen" genannt – sind per Definition ungeeignet, komplexere Zusammenhänge aussagekräftig zu visualisieren. Daher schließe ich diese aus der Betrachtung aus.

5.3.2.1 Allgemeine Regeln

Gute Schaubildpräsentationen zeichnen sich im Gegensatz zu schlechten durch die Beachtung einiger weniger **Grundregeln** aus.

• **Schaubilder nicht mit Informationen überladen**

Zuerst ist es wichtig, die Schaubilder nicht mit zu vielen und vor allem nicht mit überflüssigen Informationen zu überladen. In diesen Fällen geht nämlich oft die eigentliche Kernaussage des Schaubilds verloren. Es müssen nicht auf jedem Bild der Name des Unternehmens, der Name des Präsentierenden, der Anlass der Präsentation und ähnliche Informationen auftauchen. Und auch Hintergrundmuster und -symbole – eine Weltkugel, eine Rakete, ein Gebäudebild oder ähnliches – stören nur. Jede Information, die nicht für die eigentliche Aussage eines Schaubilds notwendig ist, führt nur zu einem: der Ablenkung des Informationsempfängers von den eigentlich wichtigen Aussagen.

So sollten beispielsweise die Basisinformationen der Präsentation, wie der/(die) Name(n) der Präsentierenden, die Firmen- bzw. Bereichsbezeichnung und der Titel bzw. Anlass der Präsentation nur auf dem ersten Schaubild (Abbildung 5.11) und auf der Agenda erscheinen. Eine Auflistung dieser Basisinformationen auf allen weiteren Schaubildern führt nur zu einer unnötigen visuellen Belastung der Empfänger.

---

[35]   Vgl. Zelazny, G. (2005).

**Strategiefitness -
Workshop Strategieinstrumente**

Senior Executive Management Workshop
Beispiel AG

Ort, 4. – 6. Januar 2008

Prof. Dr. Harald Hungenberg

Friedrich-Alexander-Universität Erlangen-Nürnberg
Lehrstuhl für Unternehmensführung

Abbildung 5.11: *Beispiel eines Eröffnungsschaubilds*

- **Agenda einfach halten**

Zu Beginn einer Präsentation ist auch die Darstellung des weiteren Vorgehens anhand einer Agenda zumindest bei längeren Präsentationen unverzichtbar (Abbildung 5.12). Unter Nutzung der Agenda kann der Präsentierende einen Überblick darüber geben, was in der Präsentation angesprochen wird und an welcher Stelle einzelne Themen behandelt werden. Der Empfänger kann sich so ein umfassendes und schnelles Bild von der „Story" machen, die man ihm in den nächsten Minuten näher bringen möchte. Damit vermeidet man unter anderem, dass einzelne Sachverhalte während der Präsentation zum falschen Zeitpunkt, etwa durch Fragen, angesprochen werden. Man sollte sich bei der Agenda nur auf die wesentlichen Gliederungspunkte beschränken und den Empfänger nicht mit unwichtigen (und vor allem unzähligen) Unterpunkten belasten. Klarheit und Einfachheit sind auch bei der Gestaltung einer Agenda die wichtigsten Schlagworte. Am besten, Sie folgen dem Prinzip des klassischen Theaters: „Nie mehr als fünf Akte!"

Strategiefitness

Gliederung

1. Strategieverständnis –
   woran man eine gute Strategie erkennt
2. Wettbewerbsstrategien und Wettbewerbsvorteile –
   wie sich Unternehmen erfolgreich im Wettbewerb positionieren
3. Wertschöpfungsstrategie – wie Ressourcen und
   Fähigkeiten zur Quelle von Wettbewerbsvorteilen werden
4. Strategische Analyse – wie die Basis für die
   Strategieentwicklung gelegt wird
5. Strategische Innovationen – wie neue Geschäftsmodelle
   etablierte Unternehmen bedrohen können

Prof. Dr. Harald Hungenberg

Friedrich-Alexander-Universität Erlangen-Nürnberg
Lehrstuhl für Unternehmensführung

Abbildung 5.12: *Beispiel einer Präsentationsagenda*

- ## Argumentationsfluss dem Lesefluss folgen lassen

Einer der häufigsten Gründe für Verwirrung durch Schaubilder besteht in der Tatsache, dass in der Abbildung die Leserichtung – in unserer Kultur von links oben nach rechts unten – missachtet wird. Pfeile, die von rechts in ein Schaubild gehen, oder Abbildungen, in denen Folgen oben und Ursachen unten stehen, sind Beispiele für Abbildungen, in denen der Argumentationsfluss nicht dem Lesefluss folgt. Solche Darstellungen widersprechen grundlegenden Regeln der Wahrnehmung und Interpretation von Information und führen daher in den meisten Fällen zu Missverständnissen oder Desinteresse. Deshalb sollten Hintergründe und Fragestellungen in der linken Hälfte und Schlussfolgerungen, Ergebnisse und Kernaussagen in der rechten Hälfte eines Schaubilds stehen.

- ## Wenig Formen und Farben verwenden

Ein anderes Thema von grundsätzlicher Bedeutung ist die Verwendung von Formen und Farben in Schaubildern. Hier kann nur empfohlen werden, beide äußerst sparsam und gezielt einzusetzen. Formen und Farben sollen stets inhaltliche Aspekte hervorheben – und nicht das Bild allein „verschönern" oder bunt machen. Insofern empfiehlt es sich in der Regel, auf einem Bild wenige, der Aussage angepasste Formen zu nutzen. Verwenden Sie beispielsweise Kästen nur, wenn Sie tatsächlich kommunizieren wollen, dass es sich bei etwas umrahmtem um ein Ganzes handelt, im Gegensatz zu einzelnen Teilen. Verwenden Sie zudem nur eine, maximal zwei unterschiedliche Farben. Diese sollten so hell sein, dass vor ihrem Hintergrund die Schrift noch lesbar ist. Bei Schwarz-Weiß-Bildern sollten dementsprechend abgestufte Grautöne verwendet werden.

- **Einheitliches Format verwenden**

Alle Schaubilder, die in einer Präsentation verwendet werden, sollten klar und einfach aufgebaut sein und ein einheitliches Format besitzen. Auch dies dient dazu, dem Informationsempfänger die Aufnahme der Informationen zu erleichtern. Er muss sich nicht bei jedem Bild auf die Darstellungsweise einstellen und versteht schneller, wie er ein Bild betrachten muss, um sich die darin enthaltenen Informationen zu erschließen.

Als Format für Schaubilder, die in Präsentationen eingesetzt werden, empfiehlt sich grundsätzlich das Querformat. Schaubilder im Querformat unterstützen einen dabei, die vielfältigen textlichen und grafischen Elemente, die ein Schaubild ausmachen, so anzuordnen wie eben empfohlen, nämlich der natürlichen Leseweise (von links oben nach rechts unten) entsprechend. Außerdem – ein ganz praktischer Vorteil – nutzen Schaubilder im Querformat die in den Räumen vorhandenen Projektionsflächen besser aus, die ja zumeist durch die Raumhöhe in der vertikalen Ausdehnung eingeschränkt sind.

- **Mit Subtitle Inhalt zusammenfassen**

Der Subtitle ist direkt unter dem Action-Title angebracht. Er besteht allein in einer kurzen Beschreibung des Inhalts. Er ist also kein Aussagesatz, der den Inhalt der Folie interpretiert. Daher kann er ohne finites Verb auskommen. Der Subtitle in Abbildung 5.9 beispielsweise lautet: „PE-Deals: Globaler Transaktionswert und Anteil am M&A Markt" und fasst damit den Inhalt der Grafik präzise zusammen. Subtitle sind enorm hilfreich. Zum einen ermöglichen sie es dem Adressaten, den Inhalt der Abbildung schneller zu verstehen. Zum anderen führt ihre Verwendung dazu, dass man sich bei der Präsentationserstellung viel mehr Gedanken darüber macht, was auf dem Schaubild eigentlich dargestellt ist. Das ist nämlich leider häufig gar nicht (oder zumindest nicht ausreichend) der Fall.

- **Zu viel Text auf den Schaubildern vermeiden**

Eine gute Visualisierung von Informationen verlangt nicht nur eine grafische Unterstützung der Aussagen, sondern erfordert auch Disziplin beim Formulieren der Texte, die auf dem Schaubild festgehalten werden sollen. Reine Textfolien sollten, wie bereits gesagt, möglichst vermieden werden – sie sind für den Empfänger meist nur schwer zu erfassen. Und vor allem sollte zu viel Text auf den Schaubildern vermieden werden. Eine umfangreiche Textdarstellung ist für den Empfänger sowohl vom Umfang als auch von den Inhalten her nur schwer zu fassen. Empfänger sind zudem oft so mit dem Lesen beschäftigt, dass sie den mündlichen Aussagen des Referenten nicht mehr folgen können. Stattdessen sollte mit Schlagworten bzw. kurzen Aussagen gearbeitet werden, und die weiteren Inhalte sollten verbal („auf der Tonspur") vermittelt werden. Der Empfänger kann sich ein Schlagwort oder eine kurze Aussage wesentlich besser merken als die Aneinanderreihung von mehreren Sätzen, aus denen er sich die eigentliche Kernaussage erst selbst ableiten muss.

- **Bei Listen identischen Satzbau verwenden**

Wie oben dargelegt, sind verkürzte Darstellungen sinnvoll. Dabei sind vor allem Listenformate hilfreich (z. B. Stichpunkte, nummerierte Listen). Allerdings ist dabei zu beachten, dass die Listenelemente alle den gleichen Satzbau haben. Erst dann ist es möglich, durch eine Liste Dinge direkt auf den Punkt zu bringen. Abbildung 5.13 beinhaltet je ein Beispiel für eine schwer und eine leicht verständliche Liste. Die schwer verständliche Liste besteht aus sechs Elementen, die alle eine andere syntaktische Form haben. So ist das erste Element kein echter Aussagesatz, da der Satz weder falsch noch wahr ist. Das zweite Element hat kein finites Verb, das dritte ist eine Frage, das vierte ist allein ein Nomen, das fünfte ist ein Aussagesatz und das sechste ist ein Normativsatz. Die leicht verständliche Liste beinhaltet Elemente, die alle gleich formuliert sind, nämlich in der Form einer Verb-zu-Nomen-Ableitung durch das Suffix „-ung"[36].

Schwer verständliche Liste

1. Wir sollten möglicherweise einige Werke schließen
2. Prozesse beim Fertigen optimieren
3. Wäre es möglich, Mitarbeiter in Frühruhestand gehen zu lassen?
4. Integration der IT
5. Durch Qualität steigern wir den Erfolg
6. Mitarbeiter sollten weniger Fehler machen!

Leicht verständliche Liste

1. Schließung von Werken
2. Optimierung der Fertigungsprozesse
3. Frühpensionierung von Mitarbeitern
4. Integration der IT
5. Steigerung der Qualität
6. Reduzierung der Fehlerquote

Abbildung 5.13: *Schlechtes und gutes Beispiel für den Aufbau von Listen*

---

[36] Dies gilt mit der einzigen Ausnahme des vierten Elementes, bei dem es sich um ein einfaches Nomen handelt.

- **Auf ausreichend große Schrift achten**

Auch wenn man nur mit kurzen Aussagen und Schlagworten arbeitet, müssen diese selbst für die Empfänger in den hinteren Reihen gut lesbar sein. In normalen Sitzungsräumen sollten deshalb keine Schriftgrößen unter 14 pt., besser noch 18 pt., verwendet werden; Action-Title sollten entsprechend größer (z. B. 24 pt.) sein. In größeren Räumen sind die Schriften entsprechend zu vergrößern. Von einer kleineren Darstellung (mit Ausnahme von Angaben wie Seitenzahlen am Rand oder Quellen) ist aus Gründen der Lesbarkeit in jedem Fall abzuraten. Außerdem geht von der größeren Schrift ein heilsamer Zwang zur Beschränkung der Textfülle aus[37].

- **Inhalt Animation bestimmen lassen**

Bewegte Bilder können entweder als Animationen oder als Filmeinspielungen in die Präsentation eingearbeitet werden. Animationen sind zwar sehr beliebt – sie sollten aber grundsätzlich mit Vorsicht eingesetzt werden. Einfliegende Textbausteine, Pfeile oder ähnliches treffen zumeist nur in der Werbebranche auf Begeisterung. In allen anderen Fällen entsteht schnell der Eindruck, dass der Vortragende mit den Spielereien von den eigentlichen Inhalten ablenken möchte. Wer sich in seiner Darstellung auf die Inhalte und Kernaussagen konzentriert, spart sich selbst die Arbeit und dem Empfänger die Anschauung von fliegenden Textbausteinen.

Ein sinnvoller Einsatz von Animationen ist allerdings bei der Darstellung von zeitabhängigen Daten in Grafiken möglich. Der Standpunkt des Betrachters bleibt dabei derselbe, aber die bildliche Darstellung der Werte verändert sich mit der Zeit. Werden die Daten z. B. in einem Säulen- oder Balkendiagramm dargestellt, verändern sich während der Animation die Höhe der Säulen bzw. die Breite der Balken. Eine andere Möglichkeit bietet sich bei der Darstellung eines Portfolios. Hier verändert sich die Positionierung der dargestellten strategischen Geschäftseinheiten entsprechend ihrem Lebenszyklus. Aber: Vergleiche zur jeweils vorhergehenden Situation sollten stets möglich sein.

Auch für die Darstellung von Simulationen eignet sich der Einsatz von Animationen, so können beispielsweise Engpässe bei Transportsystemen hervorgehoben werden. Die Einbindung von Filmbeiträgen ist insbesondere bei Unternehmenspräsentationen oder ähnlichen Anlässen ein durchaus hilfreiches und informatives Mittel. Der Einsatz solcher Filme hat sich durch die moderne Informationstechnologie gerade in jüngster Zeit enorm vereinfacht. Wie bei allem gilt aber auch hier: „Das Maß ist das Maß aller Dinge."

5.3.2.2 Visualisierung quantitativer Informationen

Schaubilder können vor allem quantitative Informationen sehr gut kommunizieren. Die schaubildartige Darstellung auf Abbildung 5.14 verdeutlicht beispielsweise die in der Tabelle

---

[37] Vgl. weitere praktische Hinweise bei Zelazny, G. (2009).

genannten Zahlen viel verständlicher als die Tabelle selbst. Solche Informationen – also z. B.
Ergebnis-, Umsatz- oder Kostenziele – stehen bei Präsentationen in Unternehmen ja häufig
im Mittelpunkt des Interesses. Dabei interessieren nicht die Zahlen selbst, sondern die „Botschaften", die aus diesen gewonnen werden können. Allerdings ist es häufig eine besondere
Herausforderung, Schaubilder zu gestalten, mit denen vornehmlich quantitative Informationen vermittelt werden sollen. Daher soll im Folgenden eine einfache, aber schlüssige Vorgehensweise vorgestellt werden, um **Aussagen auf quantitativer Basis** wirkungsvoll zu kommunizieren.

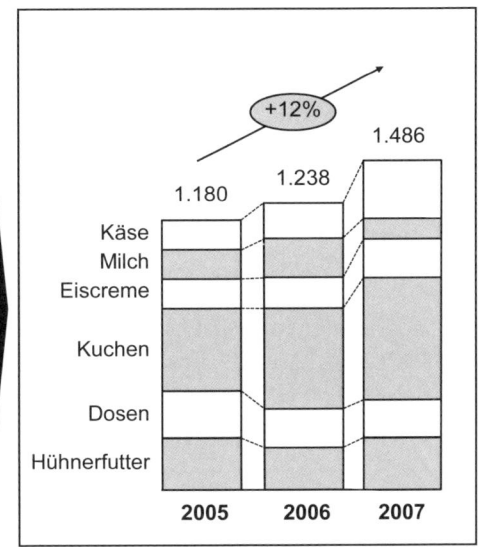

Abbildung 5.14: *Vergleich Tabelle und Schaubild*

Meist handelt es sich bei quantitativen Aussagen um Vergleiche – beispielsweise Vergleiche,
die Veränderungen aufzeigen (z. B. gegenüber dem letzten Jahr gestiegene oder gesunkene
Kosten) oder Unterschiede erkennen lassen (z. B. höhere oder niedrigere Umsätze als die
Konkurrenz). Die Aufbereitung eines Schaubilds hängt in erster Linie davon ab, welche **Art
von Aussage** bzw. welche **Art von Vergleich** gemacht werden soll. Deshalb gilt: Um Zahlen
in wirkungsvolle Schaubilder umzuwandeln, sollten für unterschiedliche Formen des Vergleichs (und damit für unterschiedliche Aussagen) auch unterschiedliche **Schaubildformen**
genutzt werden (Abbildung 5.15).

Mit der Bestimmung der Form des Vergleichs wird die Brücke geschlagen von der gewünschten Aussage hin zum Schaubild, mit dem diese vermittelt werden soll. Es können fünf

Formen des Vergleichs unterschieden werden, die unterschiedliche Arten von Aussagen widerspiegeln:

– **Struktur-Vergleiche:** In einem Struktur-Vergleich kommt es darauf an zu zeigen, welchen Anteil an einer Grundgesamtheit (z. B. dem Gesamtmarkt) einzelne Komponenten (z. B. einzelne Kundensegmente) haben. Aussagen, die Begriffe wie „Anteil", „Prozentsatz" oder „x Prozent entfielen auf" enthalten, stellen Struktur-Vergleiche dar.

– **Rangfolge-Vergleiche:** In einem Rangfolge-Vergleich werden einzelne Objekte bewertend gegenübergestellt. Ausdrücke wie „größer als", „kleiner als" oder „genauso viel wie" lassen den Rangfolge-Vergleich erkennen.

– **Zeitreihen-Vergleiche:** Eine Zeitreihe ist die wohl häufigste Form des Vergleichs. Hier wird die Veränderung einer Größe über die Zeit dargestellt. Worte wie „Steigerung", „Rückgang", „wachsen" oder „schrumpfen" kennzeichnen diese Vergleichsform.

– **Häufigkeits-Vergleiche:** Dieser Vergleich gibt an, wie häufig ein bestimmtes Objekt (z. B. Kundenaufträge in Euro) in verschiedenen, aufeinander folgenden Größenklassen (z. B. sortiert nach der Auftragshöhe) auftritt. Aussagen, die Worte wie „Häufigkeit" oder „Verteilung" beinhalten, deuten auf einen Häufigkeits-Vergleich hin.

– **Korrelations-Vergleiche:** Ein Korrelations-Vergleich zeigt Zusammenhänge zwischen zwei Variablen auf. Er wird beispielsweise durch Ausdrücke wie „verändert sich parallel zu" oder „fällt nicht mit" angezeigt.

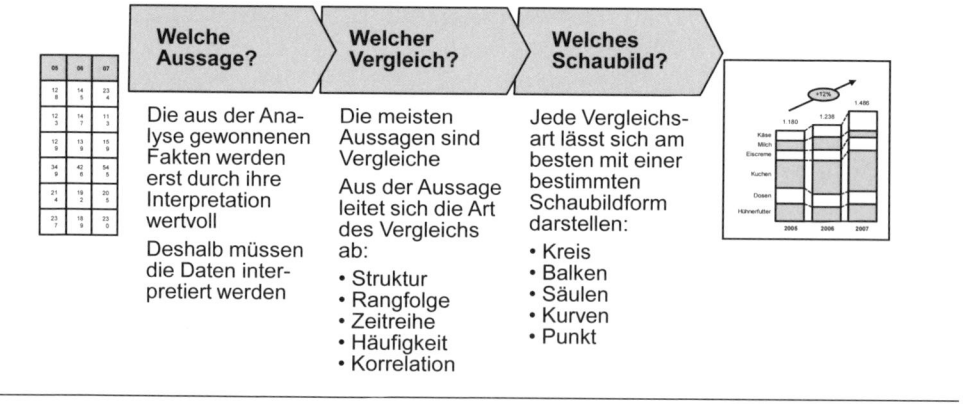

Abbildung 5.15: Überblick: wie aus Zahlen Schaubilder werden[38]

---

[38] Vgl. Zelazny, G. (2005).

Die Art des Vergleichs bestimmt, welche Schaubildform (welches Diagramm) geeignet ist, um den angestrebten Vergleich und die darin enthaltene Aussage zu verdeutlichen. Fünf **Grundformen des Diagramms** stehen zur Verfügung, um die unterschiedlichen Vergleichsformen zu visualisieren. Abbildung 5.16 zeigt, welche der Grundformen – Kreisdiagramm, Balkendiagramm, Säulendiagramm, Kurvendiagramm oder Punktdiagramm – für die einzelnen Vergleichsformen prinzipiell geeignet ist.

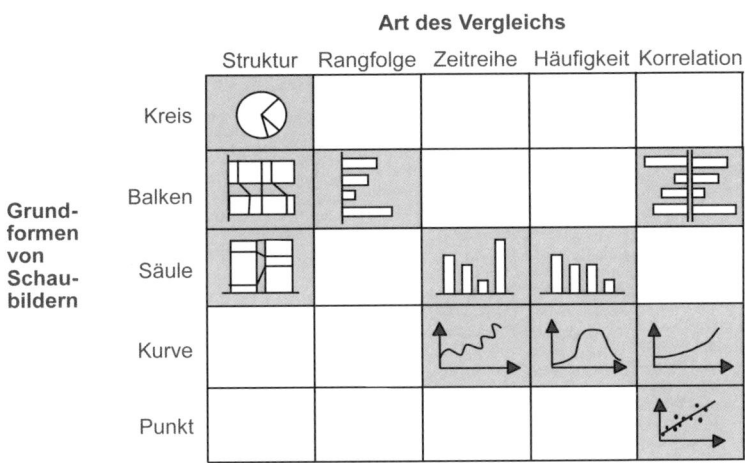

Abbildung 5.16: *Vergleichs- und Diagrammformen*

Abbildung 5.17 zeigt Beispiele auf, wie man eine Aussage (z. B. „Für die nächsten 10 Jahre wird ein Umsatzanstieg erwartet"), die einen Vergleich darstellt (hier einen Zeitreihenvergleich), in ein geeignetes Schaubildformat (hier in ein Kurvendiagramm) transferiert.

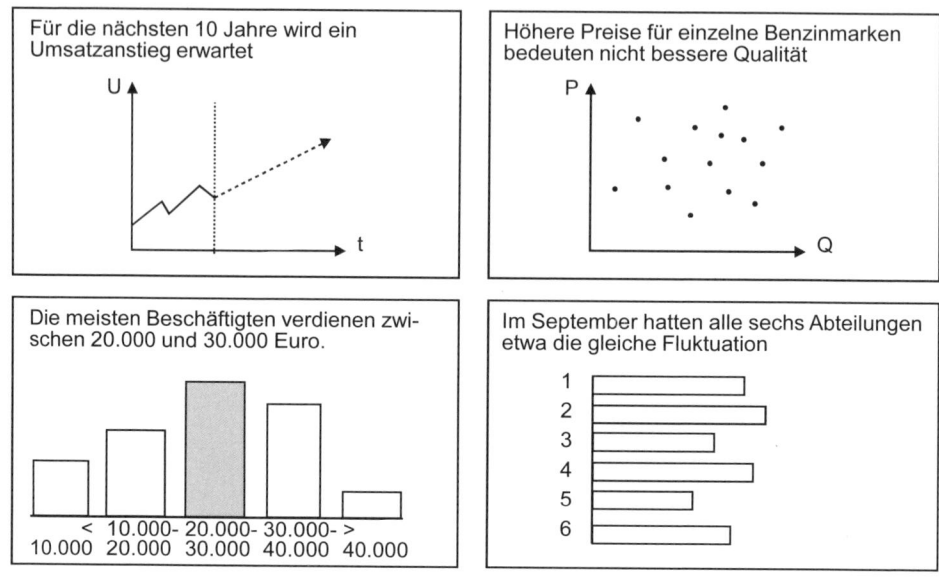

Abbildung 5.17: *Vom Vergleich zum Schaubild*

5.3.2.3 Visualisierung qualitativer Informationen

Qualitativ-konzeptionelle Schaubilder stellen auf Basis qualitativer Informationen Strukturen oder Prozesse dar. Eine typische qualitative Aussage ist z. B. der Action-Title des in Abbildung 5.18 dargestellten Schaubilds: „In allen vier Phasen ihrer Anpassung an radikale Innovationen können Unternehmen Fehler machen." Andere Beispiele qualitativ-konzeptioneller Aussagen wären:

- „Vier Stärken sollten wir nutzen, um unser Ziel zu erreichen"

- „Jeder der vier Schritte hat uns bestärkt, auf dem richtigen Weg zu sein"

- „Die drei Geschäftsbereiche werden von einer Doppelspitze geleitet"

- „Zwei der vier Maßnahmen sind im zweiten Takt geplant"

In allen vier Phasen ihrer Anpassung an radikale Innovationen können Unternehmen Fehler machen

Formen der Fehlreaktion in verschiedenen Reaktionsphasen

Wahrnehmung	Beurteilung	Entscheidung	Umsetzung
Organisationen nehmen eine gewisse Menge an Informationen über Veränderungen bewusst oder unbewusst wahr	Entscheidungsträger interpretieren die Informationen und entscheiden, ob die Veränderungen wichtig sind oder nicht	Entscheidungsträger entscheiden, ob und wie auf die wichtigen Veränderungen reagiert werden soll	Entscheidungen der Entscheidungsträger werden implementiert
Innovation wird nicht erkannt	**Erkannt, aber nicht wichtig**	**Wichtig, aber keine Ressourcen**	**Ressourcen, aber alte Routinen**

Abbildung 5.18: *Beispiel eines qualitativen Schaubilds*

Wie kann man qualitative Aussagen schnell visualisieren? Am allerwichtigsten ist es, von vornherein die Frage zu beantworten, ob es sich bei der jeweiligen Aussage **grundsätzlich um einen Prozess oder eine Struktur** handelt. Wenn man diese Frage beantwortet hat, kann man den grundsätzlichen Aufbau des Schaubilds schnell entwickeln. Hierbei ist es notwendig, den Inhalt der Aussage genau zu verstehen. Verben wie „führen zu", „wirken auf", „bestärken" oder „schwächen ab" sind stets gute Hinweise auf einen Prozess. Verben wie „bestehen aus" oder „organisiert sein in" weisen auf eine Struktur hin. Bei der Aussage „Vier Stärken sollten wir nutzen, um unser Ziel zu erreichen" handelt es sich z. B. um einen Prozess: die vier Stärken sind zeitlich und kausal der Zielerreichung vorgelagert (Abbildung 5.19). Auch die Aussage „Jeder der vier Schritte hat uns bestärkt, auf dem richtigen Weg zu sein" beschreibt im Kern einen Prozess. Dagegen wäre eine Aussage wie „Die drei Geschäftsbereiche werden von einer Doppelspitze geleitet" eine Strukturaussage. Die Aussage „Zwei der vier Maßnahmen sind im zweiten Takt geplant" ist prinzipiell eine Strukturaussage, allerdings innerhalb eines Prozesses. Letzteres lässt sich auch bezüglich der Aussage in Abbildung 5.18 sagen.

Nachdem man den grundsätzlichen Aufbau des qualitativen Schaubilds definiert hat, gilt es, auch auf den unteren Sinnebenen zu schauen, ob es Strukturen oder Prozesse gibt, die einem helfen können, das Schaubild zu entwickeln. Auf diese Weise ist es möglich, sehr schnell ein übersichtliches Schaubild zu erstellen, das zudem noch einfach zu präsentieren ist.

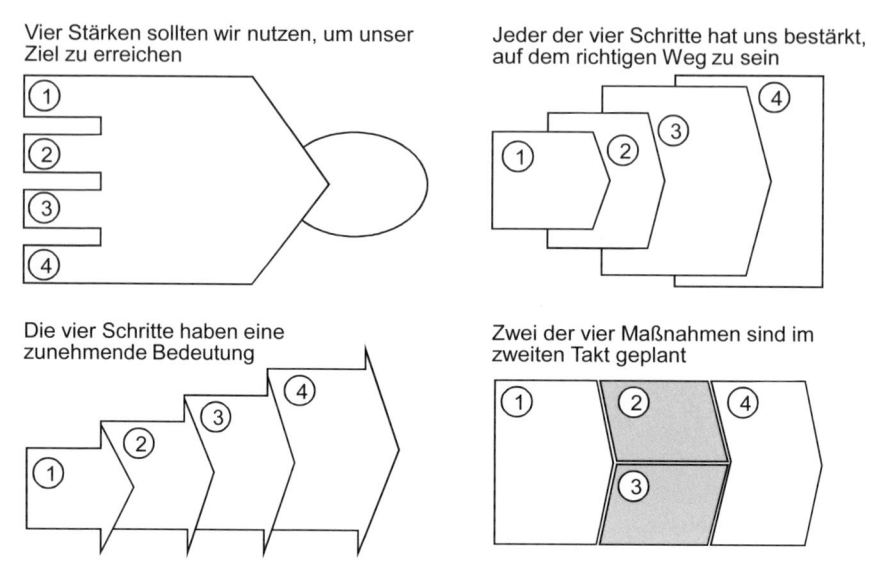

Abbildung 5.19: *Visualisierung qualitativer Aussagen*

5.4   Emotionalisieren von Kommunikation

Struktur und Visualisierung sind wichtige Elemente erfolgreichen Kommunizierens. Sie tragen dazu bei, dass die Empfänger einer Kommunikationsmaßnahme leichter verstehen können, worum es bei der vorgeschlagenen Problemlösung geht – dass sie Alternativen, Auswirkungen und Risiken beurteilen können.

Die Lern-, Entscheidungs- und Kommunikationsforschung hat aber gezeigt, dass menschliche Wahrnehmung und menschliches Verhalten nicht nur von solchen rationalen Gesichtspunkten beeinflusst werden. Verständnis und Überzeugung – und damit letztlich Handeln – hängen zudem davon ab, dass Inhalte und Botschaften den Empfänger auch subjektiv, emotional ansprechen. Eine wirkungsvolle Kommunikation muss auch diese Einflussfaktoren berücksichtigen.

Die Wissenschaftler Chip und Dan Heath haben mit ihrem **SUCCES-Framework** (Abbildung 5.20) einen Ansatz vorgeschlagen, um diese Faktoren systematisch zu berücksichtigen. Demnach soll eine auch emotional wirkungsvolle Kommunikation vor allem einfach (**S**imple), überraschend (**U**nexpected), konkret (**C**oncrete) und glaubhaft (**C**redible) sein, die Gefühle ansprechen (**E**motions) und Geschichten und Metaphern (**S**tories) verwenden.

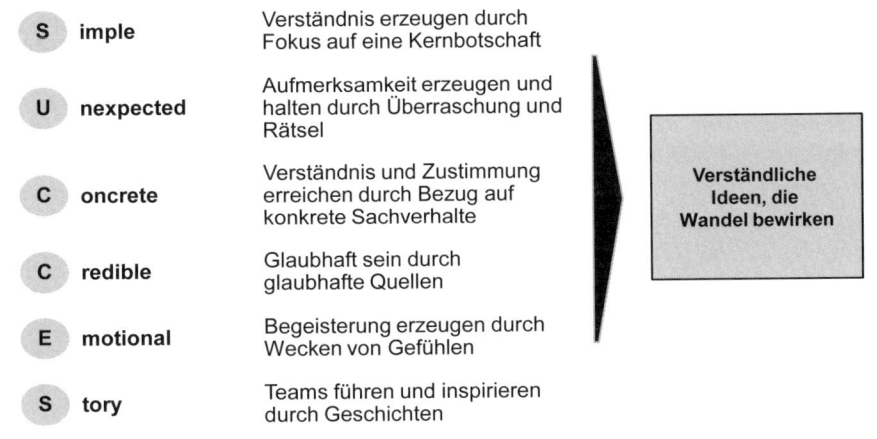

Abbildung 5.20: *SUCCES-Framework zu wirkungsvoller Kommunikation*[39]

- **Einfach kommunizieren (Simple)**

Es klingt offensichtlich, wird aber gerne übersehen: Kommunikation muss einfach sein, damit sie verstanden wird. Einfachheit der Kommunikation wird vor allem durch ein Element erreicht: den Fokus auf *eine* Kernbotschaft. Denken Sie beispielsweise einmal an eine Werbung, die vielleicht schon lange nicht mehr in den Medien zu sehen ist, an die Sie sich aber immer noch erinnern. Mit großer Sicherheit ist diese Werbung kurz und knapp verfasst und beschränkt sich auf eine klare Kernbotschaft.

Diese Kernbotschaft muss aus den vielfältigen Informationen herausgefiltert werden, die in Summe die Kommunikation ausmachen. Sie lässt sich beispielsweise in einem Namen oder einem Slogan ausdrücken, der mit dem Problemlösungs-Projekt verbunden wird, und an den sich die Zuhörer auch später noch erinnern.

Sinnvoll ist es auch, die Kernbotschaft in einen einzigen kurzen Satz zu fassen. Am 25. Mai 1961 zum Beispiel gab John F. Kennedy der Mission, mit der auf die sich abzeichnende Eroberung des Weltraums durch die Sowjetunion reagiert werden sollte, ein zugleich simples wie einprägsames Ziel: „Einen Menschen sicher auf den Mond zu bringen und zurück zur Erde – und das, bevor dieses Jahrzehnt zu Ende gegangen ist". Wie viele Beteiligte berichteten, war dies ein außerordentlich hoch gestecktes Ziel. Es war aber auch so einfach und verständlich, dass die Menschen sich stets daran erinnern und ihre Energie darauf konzentrieren konnten.

---

[39]   Vgl. Heath, C., Heath, D. (2008), S. 14 ff.

- **Überraschung nutzen (Surprise)**

Überraschung erzeugt Aufmerksamkeit. Und das ist die Voraussetzung für Verständnis und Überzeugung. Überraschung ist das, was den Inhalt einer Präsentation letztlich interessant macht.

Überraschung erreicht man beispielsweise dadurch, dass einer unter den Adressaten fest etablierten Meinung oder Erwartung glaubhaft widersprochen wird. Stellen Sie sich einmal vor, Sie sitzen in einer Präsentation. In diesem Vortrag spricht eine Forscherin über ihre Entdeckung, dass Gegenstände, wenn man sie hochhebt und dann loslässt, auf die Erde fallen. Sie fänden diesen Vortrag wahrscheinlich wenig interessant. Schließlich wissen Sie von klein auf, dass Gegenstände aufgrund der Schwerkraft auf den Boden fallen, wenn man sie loslässt. Anders wäre dies, wenn die Forscherin herausgefunden hätte, dass die Geschwindigkeit, mit der ein Gegenstand auf die Erde fällt, ganz entscheidend von der Farbe des Gegenstandes abhängt: Weiße Gegenstände fallen langsamer als schwarze. Könnte der Präsentierende diese Behauptung durch empirische Ergebnisse glaubhaft beweisen, wären Sie sicherlich überrascht und würden interessiert zuhören.

Man sollte also versuchen, in einer Präsentation die Dinge herauszustellen, die den Erwartungen der Adressaten widersprechen. Zeitungen tun dies ständig, zum Beispiel, wenn sie berichten, dass Zitronenduft Menschen spendabler und wohltätiger macht[40] oder dass ein Aktienfond, der darauf basiert, an welcher Stelle eines Papiers ein bestimmter Affe in Australien jeden Morgen ein Kreuz malt, deutlich mehr Rendite bringt als der Durchschnitt aller Aktienfonds.[41]

Wirkungsvoll ist es vor allem, wenn Sie in Ihrer Kommunikation gezielt auf überraschende Momente hinarbeiten. So könnten Sie z. B. die Präsentation von Ergebnissen mit den Worten einleiten: „Zu Beginn unseres Projekte gingen wir davon aus, dass ..." Dann könnten Sie Ihre ursprüngliche Annahme weiter begründen, zum Beispiel mit Worten wie: „Diese Annahme war auch nachvollziehbar, denn ..." Zur Vorbereitung des Höhepunktes, also der Vorstellung des erstaunlichen Ergebnisses, weisen Sie dann bewusst auf die Überraschung hin, beispielsweise mit den Worten „Was uns dann aber *überrascht* hat, war ..." oder „Dabei haben wir eine besonders *interessante* Beobachtung gemacht: ...."

- **Konkret sein (Concrete)**

Konkret sein bedeutet vor allem, in der Kommunikation immer wieder Bezug zu bekannten Sachverhalten herzustellen, bezüglich derer die Zuhörer schon eine „konkrete" Vorstellung haben.

Dies ist insbesondere dann der Fall, wenn man Analogien verwendet, die sich auf bereits bekannte Gegenstände beziehen. Eine Pampelmuse beispielsweise lässt sich auch demjenigen, der diese Frucht nicht kennen sollte, einfach mir den Worten beschreiben: „Ist so groß

---

[40]   Vgl. „Die Welt" vom 29. Oktober 2009.

[41]   Vgl. „Financial Times Deutschland" vom 9. Januar 2009.

wie eine Orange, (meistens) gelb wie eine Zitrone und sie schmeckt bitter (wie eine bittere Medizin)." Oder als anderes Beispiel: Die Strategie der Spielzeugladenkette „Toys R Us" ist letztlich die gleiche wie die von Wal*Mart – nur in einem anderen Wirtschaftszweig: „Schaffe ein breites Angebot, verkaufe zu niedrigen Preisen, verwende IT, um die Kosten zu reduzieren und lasse die Kunden mit einem Einkaufswagen durch die Abteilungen laufen."

1	Verwenden Sie Aktiv statt Passiv!
2	Beginnen Sie Sätze mit bereits bekannten Informationen und beenden Sie Sätze mit neuen Informationen!
3	Wählen Sie kurze Subjekte, am besten Personen!
4	Bleiben Sie innerhalb einer Passage bei einem Subjekt!
5	Formulieren Sie in kurzen Sätzen!

Abbildung 5.21: *Regeln für wirkungsvolle Sprache*[42]

Das Gegenteil von „konkret" sein wäre „abstrakt sein", was meist nicht zuträglich für Verständnis und Überzeugungskraft ist. Einige weitere Grundregeln helfen dabei, konkret und damit verständlich zu sprechen (siehe Abbildung 5.21):

– **Verwenden Sie Aktiv statt Passiv!** Eine der wichtigsten Voraussetzungen, um Zuhörer für ein Thema zu interessieren, ist die Verwendung von aktiven Verben. Stellen Sie sich zum Beispiel einmal vor, die Geschichte vom Rotkäppchen, würde so beginnen: „Es war einmal vor langer Zeit, als von einem Mädchen namens Rotkäppchen ein Spaziergang durch einen dunklen Wald unternommen wurde und das Herausspringen eines Wolfes aus dem Versteck hinter einem Baum dem Mädchen mit Erschrecken wahrgenommen wurde …" Leider verwechseln viele Sprecher das Verwenden des Passiv mit „gutem", oder besser, „wissenschaftlichem" Stil. Die besten Redner jedoch, genauso wie die besten Geschichtenerzähler, wählen fast immer das Aktiv.

– **Beginnen Sie Sätze mit bereits bekannten Informationen und beenden Sie Sätze mit neuen Informationen!** Verständliche Kommunikation zeichnet sich insbesondere dadurch aus, dass die einzelnen Sätze einer Rede oder auch eines Textes eindeutig mit einander in Bezug stehen. Um diesen Bezug herzustellen kann man Konjunktionen verwenden, wie „daher", „jedoch", „darüber hinaus" usw. Besonders hilfreich ist es allerdings auch, einen Satz mit bereits bekannten Inhalten zu beginnen und neue In-

---

[42]   Vgl. Williams, J. M. (2006).

halte am Ende des Satzes vorzustellen. Im folgenden Text zum Beispiel werden in jedem Satz die unbekannten Elemente zuerst vorgestellt: „Es war einmal ein König.
Drei Töchter hatte er. Wunderschöne Namen hatten seine Töchter. Heidi, Rosi und
Hilde hießen sie. Die Jüngste der drei war Heidi, die Intelligenteste war Rosi und die
Schönste Hilde." Hier der gleiche Inhalt, nur jetzt der „Erst alt, dann neu"-Regel ent-
sprechend: „Es war einmal ein König. Der$_{alt}$ hatte drei Töchter$_{neu}$. Diese drei Töchter$_{alt}$
hatten wunderschöne Namen$_{neu}$. Sie hießen$_{alt}$ Heidi, Rosi und Hilde$_{neu}$. Heidi$_{alt}$ war die
Jüngste$_{neu}$ der drei, Rosi$_{alt}$ die Intelligenteste$_{neu}$ und Hilde$_{alt}$ die Schönste$_{neu}$."[43]

–   **Wählen Sie kurze Subjekte, am besten Personen!** Überragende Redner oder Erzäh-
    ler sind unter anderem deshalb gut verständlich, weil sie eine Grundregel der klassi-
    schen Rhetorik befolgen: Sie verwenden stets Personen als Subjekte. Vergleichen Sie
    zum Beispiel einmal diese beiden Sätze: (A) „Felix Magaths Argument lautet, dass
    Alkohol die Treffsicherheit der Stürmer erhöht" versus (B) „Felix Magath argumen-
    tierte, dass Alkohol die Treffsicherheit der Stürmer erhöht." In Satz A ist das Verb
    nominalisiert. Dadurch wird das Subjekt länger, was die Verständlichkeit schwächt
    und zudem können wir uns dadurch die Aussage viel schlechter vorstellen. Beachten
    Sie dabei: Während Nominalisierungen auf einem Schaubild sinnvoll sind, da sie es
    ermöglichen, Aussagen kurz zusammen zu fassen, sind sie in der Sprechsprache gene-
    rell wenig zielführend. Dies zeigt auch der Vergleich zwischen den folgenden Sätzen:
    „Die Entdeckung Amerikas durch Columbus fand im Jahre 1492 statt" versus die per-
    sönliche Form: „Columbus entdeckte Amerika im Jahre 1492."

–   **Bleiben Sie innerhalb einer Passage bei einem Subjekt!** Denken Sie einmal an die
    großen Reden der jüngeren Geschichte: Winston Churchills „We will never surren-
    der"-Rede, Martin Luther Kings „I have a dream" Rede oder Richard von Weizsä-
    ckers Rede zum 8. Mai 1985. In allen diesen und in vielen anderen hervorragenden
    Reden verwenden die Sprecher zentrale Subjekte, die sie über eine Passage hinweg
    nicht ändern und die sie manchmal sogar als zentrale Subjekte in den Mittelpunkt ei-
    ner Rede stellen. Bei Churchill ist es das Subjekt „we (wir)", dass er innerhalb seiner
    Rede immer wieder wiederholt. Martin Luther King wiederholt die Phrase „I have a
    dream (Ich habe einen Traum)" mehrere Male und Richard von Weizsäcker wieder-
    holt Subjekt/Verb Kombinationen wie „der 8. Mai 1985 ist" oder „wir gedenken …"
    außerordentlich häufig. Gerade diese Wiederholungen geben Kommunikation eine
    gewisse Stabilität. Dies gilt übrigens auch hinsichtlich der konsistenten Verwendung
    von Begriffen, die ein und denselben Gegenstand beschreiben. Bleiben Sie bei einem
    Begriff für einen Gegenstand und verursachen Sie kein Begriffschaos, aus Angst vor
    Wiederholungen, die im Deutschunterricht oft angemahnt wurden.

–   **Formulieren Sie in kurzen Sätzen!** Schließlich noch die wichtigste aller Regeln.
    Schreiben Sie in kurzen und sprechen Sie in noch kürzeren Sätzen. Studieren Sie noch

---

[43] Der Beginn des Kinderbuches „Pippi Langstrumpf" ist ein besonders eindrucksvolles Beispiel, wie es die „Erst
      alt, dann neu"-Regel einem Erzähler ermöglicht, verständlich zu sein und die Aufmerksamkeit auf das Wesent-
      liche zu lenken: „Am Rand der kleinen, kleinen Stadt lag ein alter verwahrloster Garten. In dem Garten stand
      ein altes Haus, und in dem Haus wohnte Pippi Langstrumpf. Sie war neun Jahre alt, und sie wohnte ganz allein
      dort."

einmal die großen Reden, lesen Sie noch einmal Bücher, die Sie spannend fanden und Sie werden bemerken: Fast alle verständliche und begeisternde Kommunikation besteht aus kurzen Sätzen.

- **Glaubhaft sein (Credible)**

Glaubhaft zu sein ist eine notwendige Voraussetzung für wirkungsvolle Kommunikation. Glaubhaftigkeit wird vor allem durch den Bezug auf glaubhafte Quellen und Beweise erlangt. Besonders überzeugende Redner beziehen sich dabei immer auf neutrale Quellen (z. B. eine Universität oder ein anderes freies Forschungsinstitut) oder die glaubhaften Erlebnisse einzelner Personen. Vor allem die (durch gute Beweise belegte) Aussage „Ich habe es mit eigenen Augen gesehen" schafft Glaubwürdigkeit. Wenn Sie also z. B. über einen Missstand berichten wollen, wie unzufriedene Mitarbeiter oder Kunden, besuchen Sie diese Mitarbeiter oder sprechen Sie mit diesen Kunden. Führen Sie Interviews und machen Sie Fotos, kurz, sammeln Sie Beweise erster Hand, die stärker sind als die vorgefertigten Meinungen Ihrer Zuhörer.

Wie von Robert Cialdini, dem berühmten Professor für Psychologie an der Stanford Universität beschrieben, ist zudem ein weiterer Faktor wichtig für Glaubwürdigkeit: Kohärenz.[44] Das Prinzip der Kohärenz wird am besten durch das Sprichwort „Wer A sagt, muss auch B sagen" zusammen gefasst. Menschen nehmen Kommunikation dann als unglaubwürdig war, wenn ein Sprecher innerhalb eines Vortrags aus bestehenden Annahmen unlogische Schlüsse zieht. Noch unglaubwürdiger wird ein Sprecher, wenn sich seine Aussagen und sein eigenes Handeln widersprechen. Nicht zuletzt aufgrund der Kohärenz zwischen dem, was er als seine Vision propagierte, seiner Herkunft und seines bisherigen Handelns wurde Barack Obama bei der Präsidentschaftswahl 2008 von der Mehrheit der US-Amerikaner als glaubwürdig wahrgenommen. Als Sohn einer Weißen und eines Schwarzen, der sich in schwierigen Umständen alleine gegen viele Widerstände durchgesetzt hat, konnte er seine Botschaft „Yes, we can" sehr glaubhaft und spannend kommunizieren.

- **Emotional sein (Emotion)**

Kaum ein Ergebnis der (kognitions-)psychologischen Forschung der vergangenen 25 Jahre ist so relevant für Kommunikation wie dieses: Rationales Denken, also das, was man allgemein „Vernunft" nennt, funktioniert immer und nur in Zusammenhang mit emotionalen Prozessen, also Gefühlen wie beispielsweise Liebe, Trauer, Angst oder Freude. Fragen Sie sich zum Beispiel einmal, wo Sie sich am 11. September 2001 befanden. Mit großer Sicherheit werden sie sich daran noch erinnern. Hirnforscher erklären dies damit, dass die Ereignisse an diesem Tag sehr starke Gefühle in uns wach gerufen haben und sich deshalb auch sehr stark in unsere Erinnerung geprägt haben.

Genau weil Gefühle so wichtig für die Wahrnehmung und Verarbeitung von Information sind, bedeutet wirkungsvoll zu kommunizieren nicht nur den Kopf der Zuhörer, sondern immer auch ihren „Bauch" und ihre Emotionen anzusprechen. Deshalb ist ohne Zweifel das

---

[44]   Vgl. Cialdini, R. (2007).

gezielte Hervorrufen solcher Gefühle das, was eine großartige Präsentation von einer gewöhnlichen unterscheidet.

Gute Beispiele effektiver Kommunikation mit Gefühlen findet man im Fernsehen. Wenn z. B. in einer Sendung wie Stern-TV auf eine besonders selten vorkommende tödliche Krankheit hingewiesen werden soll, um Spendengelder für ihre Erforschung zu sammeln, wird fast immer ein einzelnes Schicksal vorgestellt – eine liebenswerte Person, die an dieser Krankheit leidet. Da sich die Zuschauer mit dieser einzelnen Person stark verbunden fühlen und ihren Schmerz gut nachvollziehen können, werden sie einem Spendenaufruf viel eher Folge leisten, als wenn die mit der Krankheit verbundenen Schwierigkeiten allein mit Daten kommuniziert würden.

• **Geschichten erzählen (Story)**

Wirkungsvolle Kommunikation basiert zudem stark auf Geschichten und Metaphern. Beide wirken vor allem deshalb, weil sie Bilder in den Köpfen und Emotionen in den Herzen der Zuhörer hervorrufen.

Kehren wir noch einmal zu dem Fernsehinterview mit Colin Powell zurück, in dem der ehemalige US-Außenminister Barack Obama unterstützt. Powell kritisiert die Kampagne von Senator McCain, dem Gegenkandidaten zu Obama. Er tut dies vor allem, weil diese Kampagne Obama vorwirft, er sei in Wahrheit kein Christ, sondern ein Muslim. Powell argumentiert, dass die Tatsache, einen anderen Glauben als den Christlichen zu haben, kein Grund sein dürfe, nicht amerikanischer Präsident werden zu können. Die Kraft der Vereinigten Staaten, so Powell, läge ja gerade in ihrer Einheit und ihrer Diversität. Um seinen Punkt zu verdeutlichen, benutzt Powell jedoch nicht nur abstrakte Begriffe, sondern ein Bild, das eine Geschichte erzählt. Hier der Auszug aus dem Interview:

> „I'm also troubled by, not what Senator McCain says, but what members of the [Republican] party say, and [that] it is permitted to be said such things as 'Well you know that Mr. Obama is a Muslim'. Well, the correct answer is that he is not a Muslim, he is a Christian. He's always been a Christian. But the really right answer is: 'What if he is?' Is there something wrong with being a Muslim in this country? The answer is no, that's not America. Is there something wrong with some 7-year old Muslim American kid believing that he or she could be president? Yet I've heard senior members of my own party drop the suggestion he is a Muslim and he might be associated with terrorists. This is not the way we should be doing it in America.
>
> I feel strongly about this particular point because of a picture I saw in a magazine. It was a photo-essay about troops who are serving in Iraq and Afghanistan. And one picture at the tail end of this photo essay was of a mother in Arlington Cemetery. And she had her head on the headstone of her son's grave. And as the picture focused in, you could see the writing on the headstone. And it gave his awards, Purple Heart, Bronze Star, showed that he died in Iraq, gave his date of birth, date of death. He was

twenty years old. And then, at the very top of the headstone, it didn't have a Christian Cross, it didn't have a Star of David; it had a Crescent and a Star of the Islamic faith. And his name was Kareem Rashad Sultan Khan.[45] And he was an American. He was born in New Jersey. He was fourteen years old at the time of 9/11 and he waited until he could go serve his country and he gave his life.

Now, we have got to stop polarizing ourselves in this way. And John McCain is as nondiscriminatory as anyone I know. But I'm troubled about the fact that, within the party, we have these kinds of expressions."

Das Beispiel von Colin Powell beinhaltet viele der Elemente, die in der so genannten „Story Telling" Literatur als fundamental für den Erfolg von Geschichten genannt werden.[46] Drei dieser Elemente möchte ich besonders hervorheben: Erstens sollte eine Geschichte nur dann verwendet werden, wenn sie die Kernbotschaft zweifelsfrei und eindeutig wiedergibt. Das setzt natürlich im ersten Schritt voraus, dass man sich eindeutig im Klaren darüber ist, welche Botschaft überhaupt vermittelt werden soll. Dann aber sollte man eine Reihe von Geschichten finden, die diese Botschaft verbildlichen. Erst wenn diese Alternativen gut durchdacht sind, wählt man die beste aus.

Zweitens sollte man in einer Geschichte immer ganz besonders an der Beschreibung des Protagonisten / der Protagonistin arbeiten. Denken Sie einmal an die Geschichten oder Filme, die in Ihnen noch nach langer Zeit in Erinnerung sind. Immer sind es Protagonisten, die einen eindeutigen, häufig liebenswerten Charakter haben. Gerade auf dieser Gabe, Protagonisten zu schaffen, die im Gedächtnis bleiben, beruht zum Beispiel der Erfolg der Kinderbücher von Astrid Lindgren. Pippi Langstrumpf, das rothaarige Mädchen, das stärker ist als alle anderen Menschen und alleine in ihrer alten Villa zusammen mit einem Affen und einem Pferd wohnt; Michel aus Lönneberga, der kleine blonde und gescheite Junge, der immer so wunderbare Streiche spielt oder Karlsson vom Dach, der etwas pummelige kleine und sonderbare Mann, der auf dem Dach wohnt und einen Propeller auf den Rücken hat, mit dem er fliegen kann – das Genie einer Geschichtenerzählerin wie Astrid Lindgren liegt vor allem darin, so wie ein Zeichner mit einigen wenigen Strichen einen Menschen eindeutig porträtieren kann, mit der Beschreibung nur weniger Eigenschaften einen Helden zu schaffen, der im Gedächtnis bleibt und mit dem die Leser sich identifizieren.

Drittens sollte man versuchen, eigene Erfahrungen in Geschichten zu packen. Wie schon oben berichtet, wirken Sie glaubwürdiger, wenn Sie das, wovon Sie berichten, mit eigenen Augen gesehen haben. Gerade weil Sie es mit eigenen Augen gesehen haben, können Sie es häufig auch emotionaler und glaubwürdiger erzählen. Versuchen Sie also, Ihre Kommunikation durch das Erzählen eigener Erlebnisse zu bereichern.

---

[45] Vgl. http://news.spreadit.org/karim-rashid-sultan-khancolin-powell-meet-the-press/ vom 30. Oktober 2009.

[46] Vgl. z. B. Denning, S. (2005) und Halpern, B. L., Lubar, K. (2003).

5.5   Durchführung von Präsentationen

Nach zumeist monatelangen Vorbereitungen, Recherchen und Problemlösungen rückt der Moment der Präsentation immer näher. Die Problemlöser haben meist nur einen einzigen Versuch, um ihre Zuhörer zu informieren, zu überzeugen oder zumindest ihr Interesse zu wecken. Drei Aspekte sind nun besonders zu beachten: die detaillierte Vorbereitung der Präsentation, der Einsatz von Medien und wirkungsvolles Präsentieren.

- **Vorbereitung der Präsentation**

Zunächst ist zu klären, was die Problemlöser eigentlich mit der Präsentation bezwecken. Wollen sie ihre Zuhörer überzeugen oder nur informieren? Sollen Alternativen diskutiert oder soll Handlungsdruck aufgebaut werden? Dies ist eine wichtige Rahmenbedingung, die vorab geklärt werden sollte, da sich die Präsentation natürlich an dem jeweiligen Ziel orientieren muss. In einer vorbereiteten **Zieldefinition** sollte deswegen festgehalten werden, was am Ende der Präsentation für den Empfänger erreicht und von dem Empfänger erwartet wird.

In ähnlicher Weise sollte sich der Präsentierende auf die ihm gegenüber sitzenden Personen einstellen und sein Auftreten auf die jeweilige **Zielgruppe** ausrichten. Sicherlich wird man vor einer Gruppe von Studenten anders auftreten und präsentieren als man dies vor dem Vorstand eines Unternehmens tun würde. Zusätzlich ist es im Rahmen einer Publikumsanalyse wichtig, einzuschätzen, mit welchen Reaktionen die Zuhörer auf die Präsentation reagieren werden. Vor diesem Hintergrund kann auch die gewählte Kommunikationsstruktur (logische Gruppe oder logische Kette) nochmals hinterfragt werden.

Schließlich ist zu fragen, wie viel **Zeit** für die Präsentation zur Verfügung steht. Grundsätzlich gilt: „In der Kürze liegt die Würze." Was man den Zuhörern in 30 Minuten oder einer Stunde nicht vermitteln kann, wird auch nicht in zwei oder drei Stunden gelingen. Jeder Zuhörer verfügt über eine begrenzte Bereitschaft zur Aufmerksamkeit, die nicht über Gebühr beansprucht werden sollte. Deswegen sollte man die Vortragszeit so eng wie möglich begrenzen und in der Regel mehr Zeit für die Diskussion als für die eigene Präsentation einplanen.

- **Einsatz von Medien**

Die nächste Frage, die sich im Rahmen der Vorbereitung aufwirft, aber auch bereits bei der Schaubilderstellung berücksichtigt werden sollte, ist, welches Medium für die geplante Präsentation genutzt werden soll. Eine kopierte und verteilte Schaubild-Sammlung („Lap Visual Presentation"), Flip-Chart sowie Beamer sind drei der am häufigsten genutzten Präsentationsmedien (Abbildung 5.22).

Das jeweilige Ziel sowie die Anzahl der Präsentationsteilnehmer sind die beiden entscheidenden Kriterien, anhand derer das Medium für eine Präsentation ausgewählt werden sollte. So ist eine Präsentation mithilfe einer **Schaubild-Sammlung**, die jedem Teilnehmer ausgeteilt wird und durch die der Präsentierende verbal führt, nur für kleine Teilnehmergruppen geeignet. Da die Möglichkeiten, die Präsentation zu steuern, relativ beschränkt sind, ist dieses Präsentationsmedium nur dann sinnvoll, wenn Diskussionen des vorgestellten Sachverhaltes gewünscht sind und gefördert werden sollen.

Die **Flip-Chart-Präsentation**, bei der einzelne Inhalte zum Teil interaktiv mit den Zuhörern am Flip-Chart erarbeitet werden, kann für Gruppengrößen bis zu 15 Personen verwendet werden. Eine Flip-Chart-Präsentation ist besonders dann angebracht, wenn die Einbindung der Zuhörenden und eine flexible Präsentationsgestaltung gefragt sind. Genau deshalb verlangt sie aber auch viel Flexibilität des Präsentierenden und zudem grafisches Geschick.

Die **Beamer-Präsentation** zeichnet sich insbesondere durch die Möglichkeit aus, Inhalte effektvoll darzustellen und damit eine Diskussion zu führen. Nachteilig bei der Nutzung eines Beamers ist jedoch, dass es für den Präsentierenden schwierig ist, die vorher geplante Form und Reihenfolge zu ändern. Dies ist bei einer Präsentation mittels Flip-Chart anders, weil hier ein Abweichen von der vorgeplanten Story – sei es durch Auslassen nicht mehr interessierender Sachverhalte oder das Vertiefen mit entsprechendem Hintergrundmaterial – für den Präsentationsempfänger nicht sichtbar wird. Insofern sollte die Entscheidung zwischen Flip-Chart und Beamer abhängig von der geforderten Flexibilität fallen.

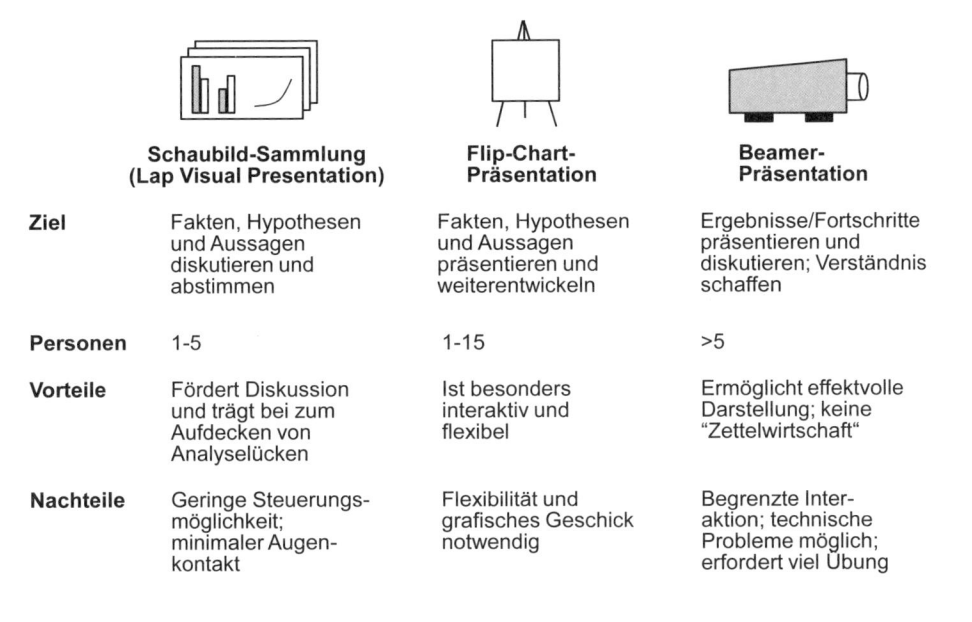

	Schaubild-Sammlung (Lap Visual Presentation)	Flip-Chart-Präsentation	Beamer-Präsentation
Ziel	Fakten, Hypothesen und Aussagen diskutieren und abstimmen	Fakten, Hypothesen und Aussagen präsentieren und weiterentwickeln	Ergebnisse/Fortschritte präsentieren und diskutieren; Verständnis schaffen
Personen	1-5	1-15	>5
Vorteile	Fördert Diskussion und trägt bei zum Aufdecken von Analyselücken	Ist besonders interaktiv und flexibel	Ermöglicht effektvolle Darstellung; keine "Zettelwirtschaft"
Nachteile	Geringe Steuerungsmöglichkeit; minimaler Augenkontakt	Flexibilität und grafisches Geschick notwendig	Begrenzte Interaktion; technische Probleme möglich; erfordert viel Übung

Abbildung 5.22: Präsentationsmedien

- **Wirkungsvolles Auftreten**

Ist die Präsentation fertig – die Inhalte sind strukturiert, die Schaubilder erstellt und die Medien vorbereitet – kommt das eigentlich Spannende: das Präsentieren. Eine Präsentation ist eine zutiefst personenbezogene Angelegenheit, deren Erfolg in hohem Maße von der Person des Präsentierenden und dessen Präsentationsfähigkeiten abhängt (manchmal sogar stärker als vom Inhalt der Präsentation).

Wirkungsvoll zu präsentieren ist keine Kunst – es ist in erster Linie eine Technik, die, wie andere Problemlösungstechniken auch, erlernt werden kann. Meines Erachtens ist wirkungsvolles Präsentieren vor allem durch drei Teilaspekte gekennzeichnet: durch das persönliche Auftreten des Präsentierenden, durch den Umgang mit den Hilfsmitteln der Präsentation sowie durch die Interaktion des Präsentierenden mit den Präsentationsteilnehmern.

Wer wirkungsvoll präsentieren möchte, muss durch sein **persönliches Auftreten** wirken: Personenbezogene Attribute wie „kompetent", „professionell" oder „souverän" werden oft benutzt, um Vorträge zu beschreiben, die Eindruck hinterlassen haben. Eine Person kann solche Einschätzungen durch ihre Körperhaltung, durch die Art und Weise, wie sie den Kontakt zum Publikum sucht, aber natürlich vor allem durch Stimme, Betonung und Gestik erzielen. Sie vermittelt auf diesem Weg letztlich Sicherheit und Überzeugung – oder Unsicherheit und Zweifel.

Neben dem passenden persönlichen Auftreten durch Sprache und Körpersprache beinhaltet wirkungsvolles Präsentieren auch den zielgerechten Einsatz von Hilfsmitteln, wie z. B. Schaubilder oder Filme. Zum **Umgang mit Hilfsmitteln** gehört – neben den bereits angesprochenen Grundregeln der Schaubilderstellung – vor allem, dass die Schaubildanzahl der zur Verfügung stehenden Zeit angemessen ist. So sind erfahrungsgemäß im Schnitt drei Minuten Vortragszeit je Schaubild anzusetzen; bei einem 45-Minuten-Vortrag wären also etwa 15 Schaubilder zu verwenden.

Zum Umgang mit Hilfsmitteln gehört aber auch, dass der Vortragende seine Zuhörer nicht „mit einem Schaubild allein lässt". Ein wirkungsvoller Referent führt seine Zuhörer durch die präsentierten Schaubilder und hilft ihnen mit Worten und Gesten dabei, Aufbau und Aussage von Schaubildern zu verstehen und der Struktur („der Story") des Vortrages zu folgen. Dabei empfiehlt es sich, dass der Referent, während er spricht, nicht in der Nähe des Projektionsmediums steht, sondern sich in der Nähe der Projektionsfläche aufhält. So können die Zuhörer sich gleichzeitig auf den Referenten und die dargestellten Schaubilder konzentrieren. Zeigestäbe und Laserpointer, die leider gerne verwendet werden, können dann vermieden werden – sie bieten eine wesentlich schwächere Führung der Informationsempfänger als sie der Präsentierende mit seinem Körper selbst schaffen kann.

Für einen Problemlösungsprozess ist es typisch, dass **Präsentationen** in hohem Maße **interaktiv** sind, das heißt, dass die Präsentationsteilnehmer mit Fragen und Diskussionsbeiträgen in die Präsentation eingreifen. Mit diesen umgehen zu können, ist eine weitere zentrale Anforderung an einen wirkungsvollen Referenten. Dazu gehört, dass man sich auf mögliche Fragen und Widersprüche vorbereitet, dass man alle Fragen ernst nimmt und dass man zuerst versucht zu verstehen, was gefragt worden ist, bevor man eine Antwort gibt. Und, was viele

Vortragende vergessen: auch „Ich weiß nicht" kann eine zulässige Antwort sein, die den positiven Eindruck einer Präsentation nicht schmälern muss – wenn sie nicht bei jeder Frage gegeben wird.

5.6 Erfolgreiches Verhandeln

Das Vermitteln von Problemlösungen endet nicht mit deren Präsentation, denn es ist äußerst unwahrscheinlich, dass jeder Zuhörer mit dem vorgestellten Lösungsvorschlag sofort einverstanden ist. Im Gegenteil: Bei wohl jeder Problemlösung stehen den Befürwortern auch Opponenten der vorgeschlagenen Lösung gegenüber. Um die Problemlösung erfolgreich umzusetzen, sind auch diese zu gewinnen – zumindest aber davon zu überzeugen, ihren Widerstand aufzugeben. Diese Art von Übereinstimmung kann durch **Verhandlungen** erreicht werden.

Verhandlungen sind ein typischer Bestandteil des privaten und geschäftlichen Lebens. Kaufverhandlungen, Gehaltsverhandlungen, diplomatische Verhandlungen, aber auch die Verhandlung um die Akzeptanz einer Problemlösung sind nur einige Beispiele für die Vielfalt der Verhandlungsformen. Ihr gemeinsames **Merkmal** ist, dass es sich um eine (meist verbale) Auseinandersetzung von zwei (oder mehreren) Parteien handelt, die versuchen, mithilfe der Verhandlung ihre jeweiligen Ziele durchzusetzen. Dabei sind die Parteien insofern wechselseitig voneinander abhängig, als keine Partei ihre Ziele ohne die andere Partei durchsetzen kann. Beiden Parteien ist daher bewusst, dass Konzessionen notwendig sind, um die Verhandlung zu einem Ergebnis zu bringen.

Abhängig davon, ob neben dem Ergebnis der Verhandlung auch die persönliche Beziehung der beteiligten Parteien von Bedeutung ist, unterscheidet man zwei **Verhandlungsformen**:

– **Distributive Verhandlungen:** Eine solche Verhandlung ist dann gegeben, wenn es für keine der beiden Parteien entscheidend ist, eine (gute) Beziehung zur anderen Partei aufrechtzuerhalten. Dies ist z. B. bei Kaufverhandlungen der Fall, wenn die Parteien nur einmalig oder selten miteinander in Beziehung treten. In diesem Fall geht es in der Verhandlung ausschließlich um das Verhandlungsergebnis (z. B. die eigene Preisvorstellung). Man verwendet hier den Begriff „distributiv", weil als Ergebnis der Verhandlung der Verhandlungsgegenstand aufgeteilt wird. Jede Partei versucht, ihre Interessen so gut wie möglich durchzusetzen – was immer nur auf Kosten der anderen Partei möglich ist.

– **Integrative Verhandlungen:** Ist es für beide Verhandlungsparteien wichtig, eine positive Beziehung zur anderen Partei zu erhalten, kann sich keiner der Beteiligten auf Kosten des jeweils anderen durchsetzen. Dies ist beispielsweise bei Verhandlungen (z. B. Abstimmungen) innerhalb eines Unternehmens die Regel. Die Interessen beider Parteien müssen dann in der Verhandlung angemessen berücksichtigt werden – es gilt, die Interessen zu „integrieren" und eine so genannte „Win-Win-Situation" herzustellen.

Bei der Vermittlung der Ergebnisse eines Problemlösungsprozesses handelt es sich nach diesen Merkmalen im Allgemeinen um eine integrative Verhandlung. Ein Problemlösungs-team möchte natürlich seine Lösungsvorschläge durchsetzen, kann dies aber nicht tun, ohne die Interessen der möglicherweise betroffenen Unternehmenseinheiten zu berücksichtigen, da diese die Ergebnisse ansonsten nicht mittragen und umsetzen würden. Insofern muss die Verhandlung darauf ausgerichtet sein, die sachlichen Projektergebnisse zu verwirklichen, aber zugleich die Beziehung zur anderen Verhandlungspartei zu pflegen. Eine wirkungsvolle Verhandlungsführung, die genau darauf abzielt, ist die so genannte **„Harvard Methode"** **der Verhandlung**, auf die im Folgenden näher eingegangen wird. Ihr Grundgedanke „hart in der Sache, aber weich gegenüber den Menschen" bietet gute Voraussetzungen, in Verhand-lungen zu einem für beide Parteien akzeptablen Ergebnis zu kommen. Dabei sind in der Verhandlung vier Grundvoraussetzungen zu erfüllen[47]:

– Beteiligte Personen von den Problemen trennen;

– Konzentration auf Interessen statt auf Positionen;

– Optionen entwickeln mit Vorteilen für beide Seiten;

– Objektive Beurteilungskriterien zur Ergebnisbewertung entwickeln.

- **Beteiligte Personen von den Problemen trennen**

Persönliche Beziehungen zwischen den Parteien werden häufig mit den Sachproblemen vermischt. Eine sachliche Feststellung wird dann nicht als solche aufgefasst, sondern als Vorwurf oder als Beleidigung durch die Gegenpartei. Eine **Trennung der Sach- und der** **Beziehungsebene** ist daher erforderlich, um auch bei einer zielgerichteten Verhandlungsfüh-rung die persönliche Beziehung zwischen den Verhandlungspartnern nicht zu belasten.

Es ist sinnvoll, sich deshalb zunächst in die **Situation des Gegenübers zu versetzen**. Was sind die sachlichen Ziele des Verhandlungspartners, was seine Restriktionen? Darüber hinaus ist zu fragen, wo persönliche Betroffenheiten liegen, die man kennen sollte. Gibt es Ängste oder Hoffnungen, die von der verhandelten Problemlösung beeinflusst werden?

Aber auch bei der Durchführung der Verhandlung ist darauf zu achten, ob in der Diskussion auftretende Probleme sachlich oder persönlich begründet sind. So treten in einem Verhand-lungsprozess oft Konflikte zu Tage, die auf persönlichen **Emotionen** beruhen, denen sich der Einzelne nicht entziehen kann. Es ist sinnvoll, sich die ausgesprochenen Emotionen des Verhandlungspartners neutral anzuhören und auch eigene Emotionen zu artikulieren. Hat man erst einmal „Dampf abgelassen", fällt es oft leichter, sich wieder auf die sachliche Ebe-ne zu konzentrieren.

Überhaupt ist **Kommunikation** ein Schlüssel zum Verhandlungserfolg. Je klarer diese ist, desto eher können Sach- und Beziehungsebene in der Diskussion getrennt werden. Leider beobachtet man aber oft, dass Verhandlungspartner nicht zweckmäßig kommunizieren, weil

---

[47]   Vgl. Fisher, R., Ury, W., Patton, B. (2004), S. 23 ff.

sie entweder nicht offen aussprechen, was sie denken, oder aber weil nicht aufmerksam zugehört wird. Nicht selten führt dies zu unnötigen Missverständnissen.

- **Konzentration auf Interessen statt auf Positionen**

Das Hauptproblem, weshalb Verhandlungen oftmals nicht erfolgreich verlaufen, liegt darin,
dass sich beide Parteien nur auf ihre jeweiligen Positionen konzentrieren, jedoch nicht die
dahinter liegenden Interessen erfragen. Eine Position ist etwas, zu dem sich eine Person bewusst entschieden hat. Interessen hingegen motivieren Menschen und stellen die Beweg-
gründe hinter den Positionen dar.

Im Allgemeinen ist es leichter, Interessen in Übereinstimmung zu bringen als Positionen. Ein
typisches Beispiel illustriert dieses Problem: Eine Führungskraft besteht darauf, eine freie
Stelle in ihrer Abteilung mit einem Bewerber zu besetzen, der eine langjährige Berufserfahrung aufweist. Der Personalleiter des Unternehmens hingegen will diese Stelle ausschließlich
an einen Hochschulabsolventen vergeben. Auf Ebene dieser gegensätzlichen Positionen ist
eine gemeinsame Lösung nicht zu erzielen, weil es keinen Hochschulabsolventen mit lang-
jähriger Berufserfahrung gibt. Um dieses Problem zu lösen, ist es nötig, die dahinter liegenden Interessen zu erfragen. Das Interesse der Führungskraft mag darin liegen, einen Mitarbeiter zu erhalten, der sofort einsatzfähig ist. Der Personalleiter dagegen sucht einen Mitarbeiter, der die nötigen Qualifikationen besitzt und gleichzeitig nicht zu teuer ist. Auf dieser
Ebene argumentierend können beide Parteien zu einer akzeptablen Lösung kommen – etwa,
indem ein Mitarbeiter ausgewählt wird, der vor seinem Hochschulstudium bereits für das
Unternehmen tätig war und damit eine sehr kurze Einarbeitungszeit benötigt.

Natürlich ist es nicht immer möglich, die hinter den Positionen stehenden Interessen auszu-
gleichen, weil sich selbstverständlich auch diese widersprechen können. Meist stellt man
aber fest, dass Interessen – anders als Positionen – sich gegenseitig ergänzen oder gar über-
einstimmen. Wichtig ist es also, die Interessen der beiden Parteien zu ermitteln und auf dieser Ebene nach einer für beide Seiten akzeptablen Lösung zu suchen. Auch hierzu ist es
natürlich hilfreich, sich in die Position des jeweils anderen zu versetzen und nach dem „Warum" oder auch dem „Warum nicht" zu fragen. Denkbar ist es auch, in einer vertrauensvollen
Verhandlungsatmosphäre die eigenen Interessen kundzutun und es damit der Gegenpartei zu
erleichtern, ihre Interessen selbst offen zu legen.

- **Optionen entwickeln mit Vorteilen für beide Seiten**

Ist man sich über seine eigenen Interessen und über die des Verhandlungspartners im Klaren,
so sollte die Verhandlung zielgerichtet und nicht auf die Vergangenheit bezogen sein. Dabei
müssen Lösungsmöglichkeiten für bestehende Konflikte gesucht werden, die eine Überein-
kunft gestatten – die also Vorteile für beide Seiten bieten.

Die wichtigste Voraussetzung hierfür ist, dass eine vorschnelle Einengung des Alternati-
venspektrums vermieden wird. In aller Regel gibt es nicht die „einzige, beste Lösung", sondern es gibt mehrere mögliche Optionen. Auch um diese zu erkennen, ist eine Beschäftigung
mit den Interessen der anderen Partei erforderlich. Außerdem gilt auch hier – wie bei allen
kreativen Prozessen –, dass Optionssuche und -bewertung strikt voneinander zu trennen sind.

- **Objektive Beurteilungskriterien zur Ergebnisbewertung entwickeln**

Hat man es geschafft, alternative Lösungswege zu finden, die eine akzeptable Lösung für beide Parteien darstellen, erfolgt anschließend der eigentliche Entscheidungsprozess. Dieser sollte auf Grundlage neutraler, möglichst objektiver Kriterien durchgeführt werden, die sich sowohl auf den Verhandlungsprozess als auch das Ergebnis der Verhandlung beziehen.

Ein in diesem Sinne sachbezogenes Verhandeln bedeutet, dass man nicht nur eigene, sondern auch die Kriterien des Verhandlungspartners mit einbezieht. Können sich beide Parteien jedoch nicht auf gemeinsame Kriterien einigen, so ist daran zu denken, eine andere neutrale Person darüber entscheiden zu lassen, welche Kriterien zur Entscheidungsfindung herangezogen werden sollten.

Das Anwenden eines solchen Verhandlungsstils ermöglicht es in vielen Fällen, Konflikte zu lösen, ohne Gewinner und Verlierer zu schaffen. Nicht immer kann man jedoch einen Verhandlungspartner davon abbringen, weiter auf seinen Positionen zu beharren. In diesem Fall ist es sinnvoll, nicht ebenso wie die Gegenseite weiter um Positionen zu feilschen, sondern seinerseits die Handlungen der Gegenseite zu beobachten und, wo immer möglich, auf die sachliche Ebene zu lenken. Erst wenn dies nicht mehr möglich erscheint, sollte über den Einsatz eines neutralen Vermittlers nachgedacht werden, der seinerseits Lösungsvorschläge erarbeitet.

6 Problemlösungsprozesse „managen"

6.1 Problemlösung als Projekt

> **„Wir hätten uns wirklich geschickter anstellen können!"**

Deprimiert beendet Fred seinen Arbeitstag, der ihm so vorkam, als ob er gerade sechs Monate Arbeit „in den Müll werfen musste". „Ich bin der Projektleiter, ich bin dafür verantwortlich", sagt er am Abend zu seiner Frau.

„Aber was hätte ich anders machen können?", fragt er sich. „Ich habe mich doch um alles Wichtige selbst gekümmert." Gut, die Vorbereitung des Projekts war nicht berauschend – er hat sich gewaltig mit Zeit und Kosten verschätzt. „Aber es war auch alles schwieriger als am Anfang gedacht. Wochenlang haben wir uns mit dem Auslastungsproblem herumgeschlagen und dann einfach nicht mehr die Zeit gehabt, uns mit anderen Sachen zu beschäftigen." Und dass sich die Projektgruppe immer wieder in einzelnen Teilthemen verzettelte, so meint Fred, „daran ist die Geschäftsführung mitschuldig: Die haben uns nie genau gesagt, was sie eigentlich von uns wollten." „Warum hast Du denn nicht öfter mit den beiden Geschäftsführern gesprochen?", fragt Freds Gattin mit dem ihr eigenen gesunden Menschenverstand: „Dann hättest Du doch erfahren, wie sie zu Deinen Ideen stehen."

„Ja", so muss Fred zugeben, „unser Projekt ist wirklich nicht optimal abgelaufen – wir hätten uns auch als Projektgruppe geschickter anstellen können. Aber jetzt weiß ich, was ich beim nächsten Mal anders machen werde!"

Die Suche nach solchen Problemlösungen, wie ich sie am Beispiel von Fred Klabusters Problemlösungsteam illustriert habe, stellt für ein Unternehmen im Regelfall eine außergewöhnliche Aufgabe dar. Außergewöhnlich deshalb, da die zu meisternde Aufgabe einmalig und somit keine Wiederholung bereits durchgeführter Aktivitäten ist. Die Lösung und der Lösungsweg müssen also erst neu erarbeitet werden. Dabei müssen meist eine Vielzahl von

Faktoren berücksichtigt werden, wodurch der Problemlösungsprozess komplex wird. Managementprozesse und Organisationsstruktur des Unternehmens, die auf die Bewältigung des Tagesgeschäfts ausgerichtet sind, sind in aller Regel mit solch komplexen und neuartigen Aufgaben überfordert. Problemlösungsprozesse werden daher meistens als **Projekte** organisiert. Sie werden nicht im Rahmen der bestehenden Aufbauorganisation des Unternehmens bearbeitet, indem die Problemlösungsaufgabe etwa an eine bestimmte Abteilung verwiesen wird, sondern als eigenständiges, zeitlich begrenztes Arbeitsgebiet durch eine Projektgruppe wahrgenommen. Da diese nicht Bestandteil der dauerhaften Organisation des Unternehmens ist, spricht man auch davon, dass eine sekundäre Organisation geschaffen wird[48].

Die Eigenständigkeit der Projektaufgabe und ihre eigenständige Erfüllung durch die Projektgruppe sind die wesentlichen Vorteile der Projektarbeit gegenüber der typischen Routineorganisation. So können Projekte flexibel eingerichtet und aufgelöst werden – je nachdem, welche Aufgaben gerade bearbeitet werden müssen. Die Trennung von Projekt- und Routineorganisation gestattet es dabei, dass im Projekt funktions- und bereichsübergreifend Fachkräfte zusammengezogen werden können, um gemeinsam die jeweils interessierende Fragestellung zu klären. Projekte führen daher in der Regel nicht nur sehr viel schneller zu verwertbaren Ergebnissen, sondern erreichen oft auch eine qualitativ höherwertige Problemlösung.

Diese Besonderheiten der Projektarbeit begründen aber nicht nur ihre Vorteile, sondern auch zusätzliche **Anforderungen an die Zusammenarbeit im Projektteam, die Projektorganisation und das Projektmanagement**, die – wie im Beispiel von Fred Klabuster gesehen – nicht ganz einfach zu erfüllen sind. Auf diese Besonderheiten soll im Folgenden eingegangen werden.

6.2   Projektteam

Projekte haben komplexe, die Fachgebiete mehrerer Abteilungen übergreifende Aufgabenstellungen. Die Idee, „alles Wichtige selber zu machen", widerspricht nicht nur der Zielrichtung eines Projektes – sie verurteilt es von vornherein zum Scheitern. Projekte können nur dann erfolgreich sein, wenn es gelingt, die Mitglieder einer Projektgruppe in einer sinnvollen **Teamarbeit** zusammenzubringen. Der besondere Wert der Teamarbeit besteht darin, dass Menschen Wissen aus unterschiedlichen Gebieten sowie verschiedenste Fähigkeiten und Erfahrungen in einen gemeinsamen Problemlösungsprozess einbringen. Damit entsteht eine Wissensbasis, die über die Summe des Einzelwissens hinaus geht – es werden synergetische Effekte ausgelöst, die stimulieren und das Leistungsniveau steigern. Die in Teamarbeit erzielbaren Ergebnisse können so die Ergebnisse übertreffen, die erreicht werden, wenn nur eine Einzelperson ihr Wissen und ihre Fähigkeiten zur Problemlösung nutzt. Dieser Vorteil spielt speziell in der Problemanalyse und bei der Suche nach Lösungsmöglichkeiten eine große Rolle.

---

[48]   Vgl. ausführlich Krüger, W. (1994).

Problematisch bei der Teamarbeit kann vor allem die Phase der Entscheidungsfindung werden. Hier gibt es Phänomene wie das **Gruppendenken** („group think") oder eine stärkere **Risikofreudigkeit** („risk shift"), welche die Qualität der Entscheidungsfindung eines Teams negativ beeinflussen können. Die hierfür notwendigen Korrektive müssen vor allem durch die Projektorganisation geschaffen werden. Darüber hinaus ist die Zusammenarbeit in einem Team auch immer mit **Konfliktpotenzialen** verbunden. Konflikte sind zwar nicht in jedem Fall negativ, denn ein gewisses Konfliktniveau ist notwendig, um überhaupt Aktivität zu entfalten. Es darf jedoch nicht so weit gehen, dass die Teammitglieder sich wechselseitig lähmen. Insofern ist das „richtige Konfliktmaß" zu suchen – eine Empfehlung, die natürlich im Konkreten nicht ganz einfach zu verwirklichen ist[49].

Erfolgreiche Teamarbeit setzt zudem vor allem eines voraus: **Hierarchiefreiheit.** Hierarchiefreie Arbeit verlangt von allen Beteiligten andere Verhaltensweisen als man sie typischerweise bei Arbeitsprozessen im Rahmen der dauerhaften Organisationsstruktur beobachten kann. So sind vor allem andere Kommunikations- und Interaktionsformen erforderlich – vielseitige und eben nicht hierarchische. Auch im persönlichen Umgang der Teammitglieder muss größter Wert auf gegenseitige Akzeptanz, Offenheit und Unterstützung gelegt werden. Nur so können die Teammitglieder tatsächlich ihre individuellen Fähigkeiten in die Problemlösung einbringen und die angesprochenen Synergieeffekte der Teamarbeit realisiert werden.

Vor diesem Hintergrund wird es offensichtlich, dass die **Zusammensetzung des Teams** eine zentrale Voraussetzung für den Erfolg eines Problemlösungsprozesses ist. Nach der Devise „Die Mischung macht's" gilt es, die Teammitglieder anhand vorab definierter Anforderungen auszuwählen. Jedes Teammitglied muss dabei über ein der Aufgabenstellung entsprechendes Fachwissen und die notwendigen Teamfähigkeiten verfügen.

Eine zentrale Bedeutung in einem Projektteam nimmt der **Projektleiter** ein. Durch seine Persönlichkeit und Qualifikation kann er den Projekterfolg oder -misserfolg entscheidend beeinflussen. Bedingt durch die möglichst weitgehende Hierarchiefreiheit im Projekt werden zudem hohe Anforderungen an sein Führungsverhalten gestellt. So muss er bei seinem Verhalten berücksichtigen, dass er zwar einerseits Bestandteil des Teams, andererseits aber auch Manager des „Unternehmens Projekt" ist. Neben dem Fach- und Methodenwissen sind deshalb gerade auch soziale Fähigkeiten wie Kritikfähigkeit oder Einfühlungsvermögen notwendige Eigenschaften eines Projektleiters, um das Team erfolgreich zu führen. Nur wenn der Projektleiter den hohen Anforderungen gerecht wird, die an ihn gestellt werden, kann er als Führungspersönlichkeit, Motivator und Konfliktmanager fungieren und das Projektteam zu dem gewünschten Ziel führen.

---

[49] Vgl. zum Verhalten von Gruppen z. B. Staehle, W. (1999), S. 265 ff. und v. Rosenstiel, L. (2007), S. 285 ff.

6.3   Projektorganisation

Auch wenn ein Projekt gebildet wird, um die primäre Organisation eines Unternehmens bewusst zu umgehen, heißt dies nicht, dass die Organisation von Projekten überflüssig wäre. Auch ein Projekt muss organisiert werden. Damit ist zum einen gemeint, dass die Aufgabenverteilung innerhalb der Projektgruppe und die Formen der Zusammenarbeit der Teammitglieder einem gewissen Maß an Regelung unterliegen müssen. Zum anderen müssen aber auch bestimmte Formen des Informationsaustauschs, der projektübergreifenden Koordination und der Entscheidungsfindung institutionalisiert sein, um Abstimmungsprobleme zu vermeiden, wie sie beispielsweise das Projektteam Klabuster erfahren musste. Anders ausgedrückt: Eine Projektgruppe darf bei aller notwendigen Autonomie nicht vollständig losgelöst von der so genannten Primärorganisation ihres Unternehmens arbeiten. Bei der Gestaltung der Projektorganisation müssen deshalb sowohl die mit der Durchführung eines Projekts beauftragten Einheiten als auch ihre Eingliederung in die bestehende Organisation des Unternehmens durchdacht werden.

Zu diesem Zweck muss eine **Verknüpfung von Primärorganisation und Projekt** auf mehreren Ebenen geschaffen werden (Abbildung 6.1). Die Verknüpfung besteht zuoberst auf der Entscheidungsebene, indem die Unternehmensgremien (oder Mitglieder aus diesen Gremien), die später über die Verwirklichung der Projektergebnisse zu befinden haben, zugleich auch Entscheidungsgremium für das Projekt werden. Die Entscheidungsträger eines Projekts werden in einem temporären, projektbegleitenden Gremium zusammengefasst, dem so genannten **Lenkungsausschuss**. Seine Aufgaben bestehen darin, die Interessen des obersten Auftraggebers zu vertreten und die Projektziele zu definieren. Darüber hinaus unterstützt und überwacht dieses Gremium das Projektteam. Um dieser Aufgabe nachkommen zu können, wird der Lenkungsausschuss in regelmäßigen Abständen über Zwischenergebnisse der Projektgruppe unterrichtet. Er trifft schließlich auch die abschließende Projektentscheidung oder führt eine solche Entscheidung in den zuständigen Unternehmensgremien herbei. Nach Abschluss des Projekts wird der Lenkungsausschuss aufgelöst.

Auf der Ebene darunter liegt das eigentliche Projektteam, das bei größeren Projekten auch mehrere (Teil-)Projektteams umfassen kann. Für das Projektteam und die Teammitglieder ist ein **Projektleiter** verantwortlich – bei mehreren Projektteams ist zudem ein Gesamtprojektleiter nötig. Die Aufgaben eines Projektleiters umfassen die Planung des Projekts, die Zuordnung von Aufgaben, Kompetenzen, Ressourcen und Verantwortlichkeiten sowie die Koordination und Kontrolle der Projektaktivitäten. Darüber hinaus ist er aber auch die zentrale Schnittstelle zwischen dem Projektteam und dem Lenkungsausschuss, trägt die Verantwortung für das Konfliktmanagement innerhalb des Teams und legt bei inhaltlichen Streitpunkten das weitere Vorgehen des Teams fest.

Die eigentliche Projektbearbeitung in den einzelnen Themengebieten des Projekts wird von den **Teilteams** durchgeführt. Die Teilteams, aber auch die Projektleiter, stehen mit Organisationseinheiten der regulären Organisation in Verbindung, indem sie deren Informationen als Basis ihrer Projektarbeit nutzen und diese – wo möglich – am Projekt mitwirken lassen. Gleichzeitig tragen sie die Ergebnisse der Projektarbeit in das Unternehmen hinein und unterstützen die Fachabteilungen bei deren Umsetzung.

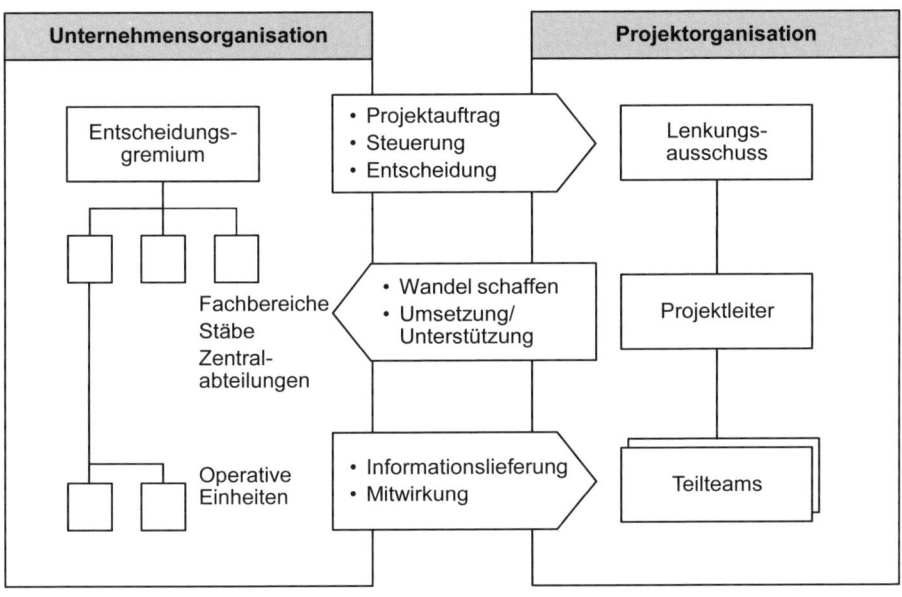

Abbildung 6.1: *(Aufbau-)Organisation von Projekten*

Während die geschilderte (Aufbau-)Organisation von Projekten weitgehend unabhängig von den Projektinhalten ist, wird die **Organisation des Projektablaufs** natürlich von den konkreten Aufgaben geprägt. Aufbauend auf der Problemstrukturierung sind hierzu die einzelnen Teilaktivitäten des Projekts zu bestimmen, deren zeitliche Reihenfolge festzulegen sowie Verantwortlichkeiten, Ressourcen und Kompetenzen zu verteilen. Die Ergebnisse dieser Überlegungen schlagen sich dann im Zeitplan des Projekts nieder (siehe erneut Abbildung 4.3 in Kapitel 4). Dabei ist es in aller Regel sinnvoll, **Projektphasen** und **Meilensteine** zu definieren, die den Projektablauf grob gliedern. Bei einer Phase handelt es sich um einen in sich abgeschlossenen Arbeitsschritt, der mit einem Meilenstein endet. Ein Meilenstein ist ein überprüfbares Zwischenergebnis, das inhaltlich und terminlich definiert ist und eine umfassende Beurteilung des Projektfortschritts erlaubt. Anlässlich eines jeden Meilensteins sollte eine Berichterstattung an den Lenkungsausschuss erfolgen; diese kann auch mit einer „stop-or-go-Entscheidung" für das Projekt verknüpft werden. Damit ist für das Projektteam ein Feedback des Entscheidungsgremiums verbunden, welches Orientierung und Motivation bieten kann.

6.4   Projektmanagement

Neben einem qualifizierten und motivierten Projektteam und einer zweckmäßigen Projektorganisation ist ein professionelles Projektmanagement ein weiterer kritischer Erfolgsfaktor für den Projektverlauf. Das Projektmanagement führt alle Überlegungen zusammen, die bisher zu einer erfolgreichen Durchführung von Projekten angestellt worden sind. Versteht man Projektmanagement als einen Prozess – genauer: einen Führungsprozess –, so lassen sich die Aufgaben der Projektplanung, der Projektdurchführung, des Projektabschlusses und der Projektkontrolle als die **Kernbestandteile des Projektmanagements** unterscheiden[50].

Das Management eines Projekts beginnt bereits bei der Planung der Projektaktivitäten. Die **Projektplanung** erfolgt im Regelfall bevor das Problemlösungsteam (vollständig) zusammengestellt wird, das später die eigentliche Projektdurchführung mit den geschilderten Aktivitäten übernimmt. Die Projektplanung ist damit die Basis für die Ermittlung der notwendigen Bearbeitungszeit sowie der erforderlichen Sach-, Personal- und Finanzmittel. Für komplexe Probleme kann es dabei sogar sinnvoll sein, die Projektplanung in Vorstudie und Hauptstudie zu gliedern. Die einzelnen Planungsphasen werden so gedanklich mehrmals, mit zunehmender Detaillierung, durchlaufen.

In der Planung wird definiert, was erreicht werden soll, und festgelegt, wie das Angestrebte voraussichtlich am besten erreicht werden kann. Es geht also allgemein formuliert darum, Ziele zu bestimmen und Maßnahmen zur Zielerreichung auszuwählen. Die Planung eines Projekts hat somit sowohl eine **inhaltliche Komponente** (Projektziel, Projektaufgaben) als auch eine **Zeit-, Kosten- und Kapazitätskomponente**. Neben den Inhalten des Projekts müssen also auch die für das Projekt zur Verfügung stehenden Kapazitäten, der einzuhaltende Abschlusszeitpunkt und der vorgegebene Budgetrahmen berücksichtigt werden. Überspitzt formuliert könnte man sagen, dass Projekte, die nicht innerhalb der vorgegebenen Zeit oder des vorgegebenen Projektbudgets abgeschlossen werden, im Prinzip genauso gescheitert sind wie Projekte, welche die untersuchte Aufgabenstellung nicht beantworten können.

In der auf der Planung aufbauenden **Projektdurchführung** geht es schließlich darum, die geplanten Aktivitäten umzusetzen. Zu diesem Zweck müssen Teilaufträge erteilt werden, Mitarbeiter sind anzuleiten, Teilprozesse und Beteiligte sind zu koordinieren und zu steuern. Dabei kann sich natürlich zeigen, dass die Annahmen, welche der Planung zu Grunde liegen, nicht realisierbar sind, und deswegen der Projektablauf in der Realität vom geplanten Ablauf abweicht. Solche Änderungen sind kaum zu vermeiden, da Projekte als komplexe und einmalige Vorhaben wohl nie im Vorhinein vollständig durchdacht werden können. Im Interesse der (inhaltlichen, terminlichen und finanziellen) Projektziele sollten solche Abweichungen jedoch soweit wie möglich minimiert werden.

Der **Projektabschluss** ist das formale Ende des Problemlösungsprozesses. Hier werden die kommunizierten und verabschiedeten Ergebnisse dokumentiert, wo nötig nachgebessert und die Implementierung der Projektergebnisse beginnt. Im Beispiel Fred Klabusters hieße dies,

---

[50]   Vgl. Hahn, D., Hungenberg, H. (2001), S. 737 ff.

dass die einzelnen Maßnahmen verwirklicht werden, die in ihrer Gesamtheit die neue Strategie von Bunsenbrenn ausmachen.

Im Anschluss an die Implementierung ist dann zu prüfen, ob sich mit der Umsetzung der Projektergebnisse auch der angestrebte Erfolg einstellt – ob die Projektziele erreicht werden. Dies ist Aufgabe der **Projektkontrolle**. Um den Projekterfolg zu sichern, muss die Überwachung der Projektaktivitäten jedoch bereits sehr viel früher einsetzen. Projektkontrolle (im weiteren Sinne) heißt nämlich, bereits projektbegleitend zu prüfen, ob alle Aktivitäten (und deren finanzielle und zeitliche Konsequenzen) sich noch im Rahmen der Projektplanung bewegen – wo dies nicht mehr der Fall ist, muss gegengesteuert werden. Projektkontrolle ist also eine Aufgabe des Projektmanagements, welche die anderen Teilaufgaben zeitlich begleitet.

Zusammenfassend kann gesagt werden, dass die Mitglieder einer Projektgruppe also nicht nur Fachkenntnisse und Methodenkenntnisse mit in ihre Projektarbeit einzubringen haben, sondern auch über Fähigkeiten zum Management von Projekten verfügen müssen. Außerdem müssen bestimmte organisatorische Voraussetzungen geschaffen sein, damit eine wirkungsvolle Projektdurchführung – und damit eine wirkungsvolle Problemlösung – gesichert werden kann. Problemlösungsprozesse, die in Form von Projekten bearbeitet werden, stellen somit an Mitarbeiter und Unternehmen hohe Anforderungen – bieten aber auch einzigartige Herausforderungen und Möglichkeiten. Die hier vorgestellte Problemlösungsmethodik kann den Beteiligten dabei helfen, diese Chancen besser zu nutzen.

Literaturverzeichnis

Backhaus, K., Erichson, B., Plinke, W.: Multivariate Analysemethoden, 12. Aufl., Berlin 2008.

Baur, C., Kluge, J.: Die Wertkette als Instrument der strategischen Analyse, in: Praxis des strategischen Managements, Hrsg. M. Welge, A. Al-Laham, P. Kajüter, Wiesbaden 2000, S. 135 ff.

Berekoven, L., Eckert, W., Ellenrieder, P.: Marktforschung, 11. Aufl., Wiesbaden 2006.

Cialdini, R.: Influence: The Psychology of Persuasion, New York 2007.

De Bono, E.: Six Thinking Hats, Boston 2000.

Denning, S.: The Leader's Guide to Storytelling, San Francisco, CA 2005.

Diekmann, A.: Empirische Sozialforschnung – Grundlagen, Methoden, Anwendungen, 19. Aufl., Hamburg 2008.

Feider, J., Schoppen, W.: Prozeß der strategischen Planung – Vom Strategieprojekt zum strategischen Management, in: Handbuch Strategische Führung, Hrsg. H. A. Henzler, Wiesba-den 1988, S. 665 ff.

Fisher, R., Ury, W., Patton, B.: Das Harvard-Konzept, 22. Aufl., Frankfurt 2004.

Forrester, J.: Industrial Dynamics, 3. Aufl., Cambridge 1964.

Forrester, J.: Collected Papers of Jay W. Forrester, Cambridge 1975.

Friedrichs, J.: Methoden der empirischen Sozialforschung, 14. Aufl., Opladen 1990.

Hahn, D., Hungenberg, H.: PuK – Wertorientierte Controllingkonzepte, 6. Aufl., Wiesbaden 2001.

Halpern, B. L., Lubar, K.: Leadership Presence, New York 2003.

Hammann, P., Erichson, B.: Marktforschung, 5. Aufl., Stuttgart 2006.

Heath, C., Heath, D.: Made to Stick – Why Some Ideas Survive and Others Die, New York 2008.

Hentze, H., Müller, K.-D., Schlicksupp, H.: Praxis der Managementtechniken, Wien 1990.

Higgins, J., Wiese, G.: Innovationsmanagement – Kreativitätstechniken für den unternehmerischen Erfolg, Berlin 1996.

Hungenberg, H.: Strategisches Management in Unternehmen, 5. Aufl., Wiesbaden 2008.

Kromrey, H.: Empirische Sozialforschung, 11. Aufl., Stuttgart 2006.

Krüger, W.: Organisation der Unternehmung, 3. Aufl., Stuttgart 1994.

Meffert, H.: Marketingforschung und Käuferverhalten, 2. Aufl., Wiesbaden 1992.

Meffert, H.: Marketing, 10. Aufl., Wiesbaden 2008.

Meyer, J.-A.: Visualisierung von Informationen, Wiesbaden 1999.

Minto, B.: The Pyramid Principle, 3. Aufl., Harlow 2009.

Porter, M. E.: Competitive Strategy, New York 1980.

Preußler, O.: Der Räuber Hotzenplotz, Stuttgart 1962.

v. Rosenstiel, L.: Grundlagen der Organisationspsychologie, 6. Aufl., Stuttgart 2007.

Scherer, F., Ross, D.: Industrial Market Structure and Economic Performance, 3. Aufl., Boston 1990.

Schlicksupp, H.: Anstöße zum innovativen Denken, in: Handbuch Strategische Führung, Hrsg. H. A. Henzler, Wiesbaden 1988, S. 691 ff.

Schnell, R., Hill, P., Esser, E.: Methoden der empirischen Sozialforschung, 8. Aufl., München 2008.

Senge, P.: The Fifth Discipline – The Art and Practice of the Learning Organization, überarbeitete Aufl., New York 2006.

Staehle, W.: Management, 8. Aufl., München 1999.

Sterman, J. D.: System Dynamics Modeling: Tools for Learning in a Complex World, in: California Management Review, 43 (1): S. 8 ff.

Vahs, D., Burmester, R.: Innovationsmanagement, 3. Aufl., Stuttgart 2005.

Voeth, M.: Nutzenmessung in der Kaufverhaltensforschung, Wiesbaden 2000.

Williams, J. M.: Style: Lessons in Clarity and Grace, 9. Aufl., New York 2006.

Zelazny, G.: Wie aus Zahlen Bilder werden, 6. Aufl., Wiesbaden 2005.

Zelazny, G.: Das Präsentationsbuch, 3. Aufl., Frankfurt 2009.

Stichwortverzeichnis

A

Analyseplan 37
Analysetechniken 58
Aufgabenstellung 6

B

Branchenstruktur-Modell 64
Brainstorming 75

C

Collectively Exhaustive 14

D

Deduktiver Baum 19
Diagrammformen 107

E

Einfach kommunizieren 111
Emotional sein 115
Entscheidungskriterien 9
Entscheidungsträger 8
Ergebnisüberleitung 61

F

Fragenbaum 23

G

Geschäftssystem 62
Geschichten erzählen 116
Glaubhaft sein 115

H

Hypothesenbaum 21

I

Informationsgewinnung 41
Interview
  Durchführung 49
  Nachbereitung 52
  Vorbereitung 48

K

Kommunikation 81
Kommunikationsstruktur 87
Konkret sein 112
Kreativität 73
Kreativitätstechniken 74

L

Lenkungsausschuss 128
Logikbäume 19
Logische Gruppe 88
Logische Kette 91
Lösungseinschränkungen 9

M

MECE-ness 13
Methode 635 76
Mind Mapping 78
Mutually Exclusive 14

P

Präsentation 118
Problemanalyse 35
Problemidentifikation 7
Problemidentifikations-Formular 7
Problemlösung
    Grenzen der 10
    Prozess der 3
Problemstrukturierung
    Anforderungen an die 13
    Prinzip der 13
Problemsymptome 8
Problemumfeld 33
Problemursachen 8
Projekte 126
Projektmanagement 130
Projektorganisation 128
Projektplanung 130
Prozess-MECEness 15

R

ROI-Baum 60

S

Schaubilder 99
SCP-Modell 67
S-P-F-A-Schema 84
Story-Line 97
Strategisches Spielbrett 69
Struktur-MECEness 15
SUCCES-Framework 110
Synektik 77

T

Teamarbeit 126

U

Überraschung nutzen 112

V

Vergleichsformen 107
Verhandlungen 121

Z

Zeitplanung 40

Soll- und Ist-Werte im Blick

Peter R. Preißler
Betriebswirtschaftliche Kennzahlen
Formeln, Aussagekraft, Sollwerte,
Ermittlungsintervalle
2008 | 310 S. | gebunden
€ 29,80 | ISBN 978-3-486-23888-4

Kennzahlen werden benötigt, um aus der Flut der
Informationen das Wesentliche herauszufiltern, Maß-
stäbe aufzustellen, die Situation des Unternehmens
objektiv darzustellen und funktionsübergreifende
Gesamtzusammenhänge herzustellen.

Dieses Buch gibt einen umfassenden und praxisorien-
tierten Überblick über die Kennzahlen zur Unterneh-
menssteuerung. Sie erfahren, wie Sie mit diesen
Kennzahlen arbeiten und welche Aussagen und Ziel-
setzungen mit den einzelnen Kennzahlen verbunden
sind. Sie erhalten mit diesem Buch einen detaillierten
Leitfaden für die Praxis zum Aufbau und zur Verwendung von aussagefähigen Kennzahlen und Kennzah-
lensystemen.

Mit Hilfe dieses Buches werden Sie in der Lage sein,
nicht nur das Unternehmen mit Ist-Werten zu durch-
leuchten, sondern auch mit Soll-Werten neue Maß-
stäbe zu setzen.

**Das Buch richtet sich an Studierende der Wirtschafts-
wissenschaften und Praktiker in Unternehmen.**

Über die Autoren:

Prof. Dr. rer. pol. Peter R. Preißler hat ein international
eingesetztes Controlling- und Kennzahlensystem
entwickelt.

Oldenbourg

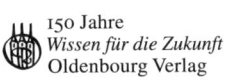

150 Jahre
Wissen für die Zukunft
Oldenbourg Verlag

Bestellen Sie in Ihrer Fachbuchhandlung oder
direkt bei uns: Tel: 089/45051-248, Fax: 089/45051-333
verkauf@oldenbourg.de

Projekte problemlos abwickeln

Bernhard O. Herzog
Technik der Projektarbeit
Handbuch für Projektleiter und Consultants
2008 | 141 S. | gebunden
€ 26,80 | ISBN 978-3-486-58592-6

In den meisten Unternehmen hat sich die Erkenntnis durchgesetzt, dass man interne Projekte nicht problemlos abwickeln kann, wenn man sie genauso organisiert und steuert wie Routinearbeit. Spezielles Know-how und Erfahrungswissen ist also unabdingbar für reibungslose Projektarbeit.

Das vorliegende Werk geht von folgenden vier Kernthesen aus: (1) Die Abwicklung von Projekten ist für Unternehmen keine Ausnahmesituation, sondern wird mehr und mehr zum Regelfall. (2) Projektarbeit erfordert jedoch spezielle Techniken um erfolgreich zu sein. (3) Diese können von darauf spezialisierten Personen, also von erfahrenen Projektleitern oder im Projektmanagement versierten Consultants bereitgestellt werden. (4) Regieprojekte sind ein zukunftsweisender Weg, internes Fachwissen sinnvoll mit professionellem Projektmanagement Know-how zu verbinden.

Die Grundfertigkeiten der Projektarbeit sind Gegenstand dieses Buches. Die darin enthaltenen Praxisbeispiele, Erfahrungen und Anregungen sollen jedem, der sich in einer Projektsituation befindet, eine Hilfestellung bieten. Dies gilt in gleicher Weise für einen externen Berater oder einen Inhouse-Projektarbeiter.

Bernhard Otto Herzog ist Management Team Mitglied der ABB Global Consulting und lehrt am Institute for International Management Consulting (I-IMC), Ludwigshafen.

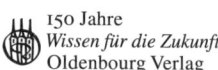
150 Jahre
Wissen für die Zukunft
Oldenbourg Verlag

Bestellen Sie in Ihrer Fachbuchhandlung oder direkt bei uns: Tel: 089/45051-248, Fax: 089/45051-333
verkauf@oldenbourg.de

Oldenbourg

Vom Know-How zum »Do-How«

Christian Bleis | Antje Helpup
Management
Die Kernkompetenzen

2009 | 256 Seiten|gebunden | € 29,80
ISBN 978-3-486-58701-2

Wissen allein begründet noch keine Kompetenz, sondern erst die richtige Anwendung dieses Wissens. In diesem Sinne schlägt dieses Buch eine Brücke von der Management-Theorie (Know-How) zur praktischen Umsetzung (»Do-How«). Dies erfolgt mit Hilfe von Übungen, Fallbeispielen und Hinweisen zur Selbsteinschätzung und -steuerung.

Das Buch richtet sich an ambitionierte Mitarbeiter, Jungmanager, aber auch erfahrene Manager. Für sie bietet es einen aktuellen, prägnanten Überblick über die wichtigsten Aspekte rund um das Management. Dabei wird nicht nur Bekanntes kurz und knapp präsentiert, sondern es werden auch neue Blickwinkel gewährt. So bietet sich eine konsequente Betrachtung der Managementthematiken aus systemischer, kommunikativer und interaktiver Sicht. Das Werk richtet sich auch an Studierende in höheren Semestern, die hier einen aktuellen, praxisrelevanten Einblick in die Welt des Managements bekommen.

Aus dem Inhalt:
1. manum agere
2. Planungskompetenz
3. Organisationskompetenz
4. Führungskompetenz
5. Controllingkompetenz
6. Kommunikationskompetenz

Über die Autoren:
Prof. Dr. Christian Bleis ist Dozent für Internes Finanz- und Rechnungswesen an der Berufsakademie Berlin. Dr. Antje Helpup ist Professorin für Marketing an der Fachhochschule Braunschweig/Wolfenbüttel am Standort Wolfsburg.

Bestellen Sie in Ihrer Fachbuchhandlung oder direkt bei uns: Tel: 089/45051-248, Fax: 089/45051-333
verkauf@oldenbourg.de

Oldenbourg

Unternehmenserfolg durch Wertmanagement

Jürgen Stiefl, Kolja von Westerholt
Wertorientiertes Management
Wie der Unternehmenswert gesteigert werden kann -
mit Fallstudien und Lösungen
2008. X, 235 S., Br.
€ 29,80
ISBN 978-3-486-58323-6

Ein Buch voller Umsetzungshinweise.

Erfolgreiches Wertmanagement sollte das oberste
Ziel einer jeden Unternehmung sein, denn es erhöht
die Zufriedenheit der Anteilseigner und verbessert
die Beurteilung des Unternehmens durch Banken,
Analysten sowie Ratingagenturen. Gleichsam berücksichtigt es die Interessen sowohl der Kunden durch
innovative, bedarfsgerechte Produkte und Leistungen
als auch die der Lieferanten durch ausreichende Liqui-
dität und Abnahmevolumen. Es motiviert die Mitarbeiter durch anspruchsvolle unternehmerische
Aufgaben und sichert ferner Arbeitsplätze. Das vorliegende Buch zeigt auf, mit welchen Instrumentarien
dies alles erreicht werden kann.

**Das Buch richtet sich an Studierende der
Betriebswirtschaftslehre sowie an Praktiker, die
einen fundanmentalen Einblick in die Frage der
Wertorientierung suchen.**

Prof. Dr. Jürgen Stiefl lehrt Volks-
und Betriebswirtschaftslehre,
insbesondere Finanzierung an der
Fachhochschule Aalen.

Kolja von Westerholt ist Geschäftsführer der OFW Student Consulting
and Research (OSCAR) GmbH.

Oldenbourg